ニュートン

科学《かがく》の学校《がっこう》シリーズ

飛《ひ》行《こう》機《き》の学《がっ》校《こう》

まえがき

はじめまして。
ぼくの名前《なまえ》は「ぶートン」です。

科学《かがく》のおもしろさを、わかりやすく伝《つた》える「科学《かがく》の学校《がっこう》シリーズ」の今回《こんかい》のテーマは「飛行機《ひこうき》」です。

人《ひと》には鳥《とり》のような翼《つばさ》はありませんが、飛行機《ひこうき》に乗《の》れば、自由《じゆう》に空《そら》を飛《と》ぶことができます。
遠《とお》い街《まち》や国《くに》まで、あっという間《ま》に行《い》くことができます。

ぶートン

とても便利《べんり》で、かっこいい乗《の》り物《もの》です。
ところで、飛行機《ひこうき》はなぜ飛《と》べるのでしょうか?
どんな種類《しゅるい》があるのでしょうか?

そんな飛行機《ひこうき》について、ぼくと友達《ともだち》の「ウーさん」が、
やさしく楽《たの》しく紹介《しょうかい》していきます。

この本《ほん》を読《よ》めば、飛行機《ひこうき》について
グッとくわしくなれるでしょう。
もし飛行機《ひこうき》に乗《の》る機会《きかい》があったら、この本《ほん》といっしょに
ぼくたちも連《つ》れていってくれたらうれしいです。

ウーさん

2024年《ねん》1月《がつ》

ぶートン

もくじ

2じかんめ 飛行機はどうやって飛ぶの？

3じかんめ 飛行機図鑑① 旅客機

4じかんめ 飛行機図鑑② いろいろな飛行機

5じかんめ 「むかしの飛行機」と「未来の飛行機」

この本《ほん》の特徴《とくちょう》

ひとつのテーマを、2ページで紹介《しょうかい》します。メインのお話《はなし》（説明《せつめい》）だけでなく、関連《かんれん》する情報《じょうほう》を教《おし》えてくれる「メモ」や、テーマに関係《かんけい》のある豆《まめ》知識《ちしき》を得《え》られる「もっと知《し》りたい」もあります。

また、ちょっと面白《おもしろ》い話題《わだい》を集《あつ》めた「やすみじかん」のページも、本《ほん》の中《なか》にたまに登場《とうじょう》するので、探《さが》してみてくださいね。

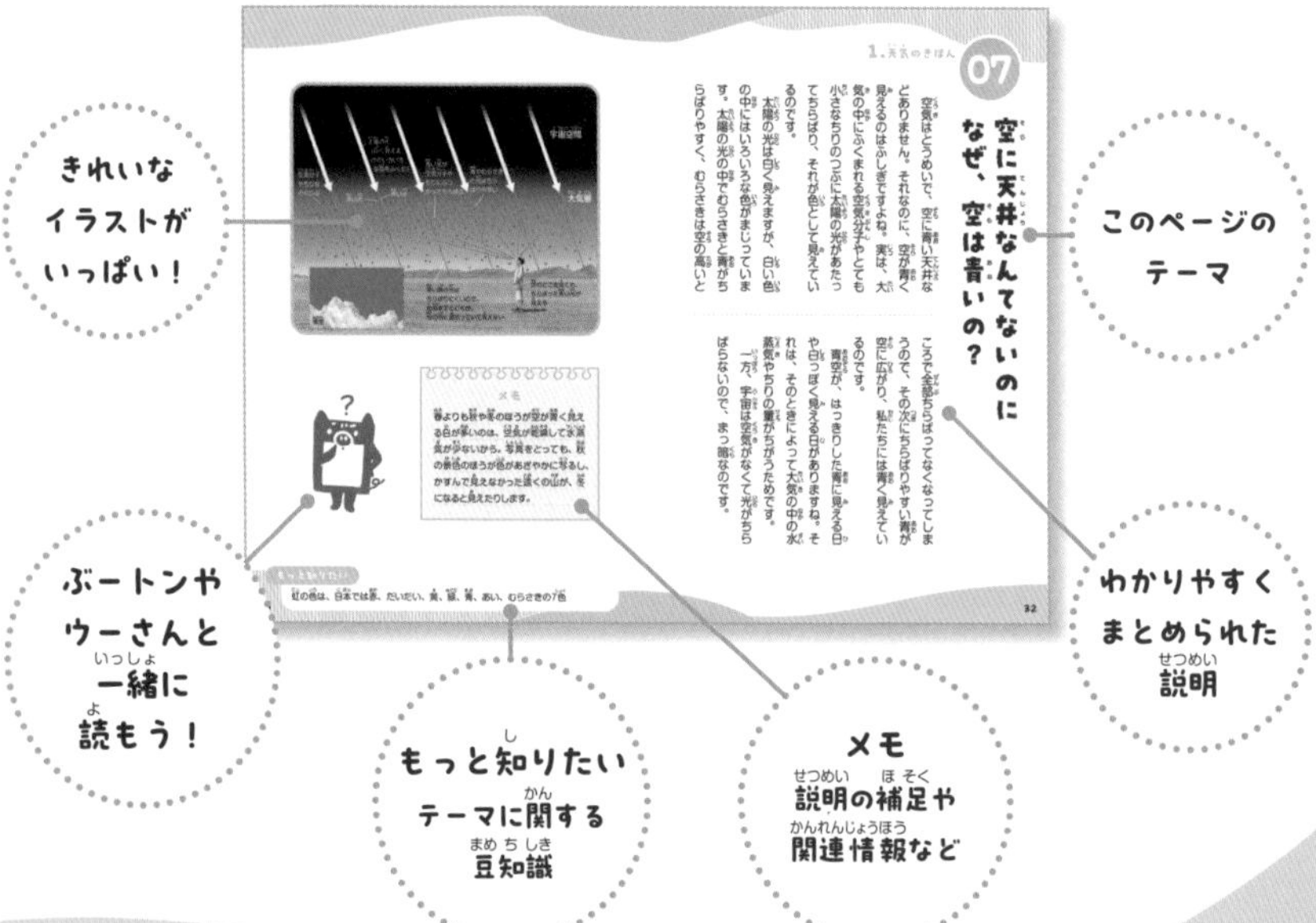

キャラクター紹介《しょうかい》

ぶートン

科学雑誌《かがくざっし》『Newton《ニュートン》』から誕生《たんじょう》したキャラクター。まぁるい鼻《はな》がチャームポイント。

ウーさん

ぶートンの友達《ともだち》。うさぎのような長《なが》い耳《みみ》がじまん。いつもにくまれ口《ぐち》をたたいているけど、にくめないヤツ。

ぶートンは変身《へんしん》もできるよ！

飛行機《ひこうき》

鳥《とり》

管制塔《かんせいとう》

飛《ひ》行《こう》機《き》は大《おお》きい！

世界最大《せかいさいだい》の旅客機《りょかっき》A380（→88ページ）が離陸《りりく》するところです。手前《てまえ》にいる人《ひと》たちとくらべてみてください。すごく大《おお》きな乗《の》り物《もの》であることがわかりますね。

EXPO
2020
DUBAI
UAE
Emirates
www.emirates.com

A380は
500人《にん》以《い》上《じょう》を一度《いちど》に
運《はこ》べるんだぜ

計器類《けいきるい》が並《なら》ぶコックピット

1969年《ねん》に製造《せいぞう》された、YS-11（→156ページ）のコックピット。メーター式《しき》の計器類《けいきるい》がたくさん並《なら》んでいます。現在《げんざい》はディスプレイが並《なら》ぶグラスコックピット（→48ページ）が主流《しゅりゅう》です。

RUDDER

最新《さいしん》のコックピットも
いいけど、これはこれで
かっこいいよな

飛《ひ》行《こう》機《き》の組《く》み立《た》て工場《こうじょう》

アメリカ・ノースカロライナ州《しゅう》にある「ホンダジェット」(→112ページ)の最終《さいしゅう》組《く》み立《た》てライン。広《ひろ》い場内《じょうない》で、一度《いちど》にたくさんの機体《きたい》を組《く》み立《た》てています。

ぼくも
やってみたい！

プロペラがある「ターボプロップエンジン」

ATR42（→106ページ）の翼《つばさ》についたエンジン。プロペラを動《うご》かすエンジンは「ターボプロップエンジン」と言《い》って、ジェットエンジン（→26ページ）とは区別《くべつ》されます。

フラップを押して開ける
TO OPEN:
非常口
EXIT

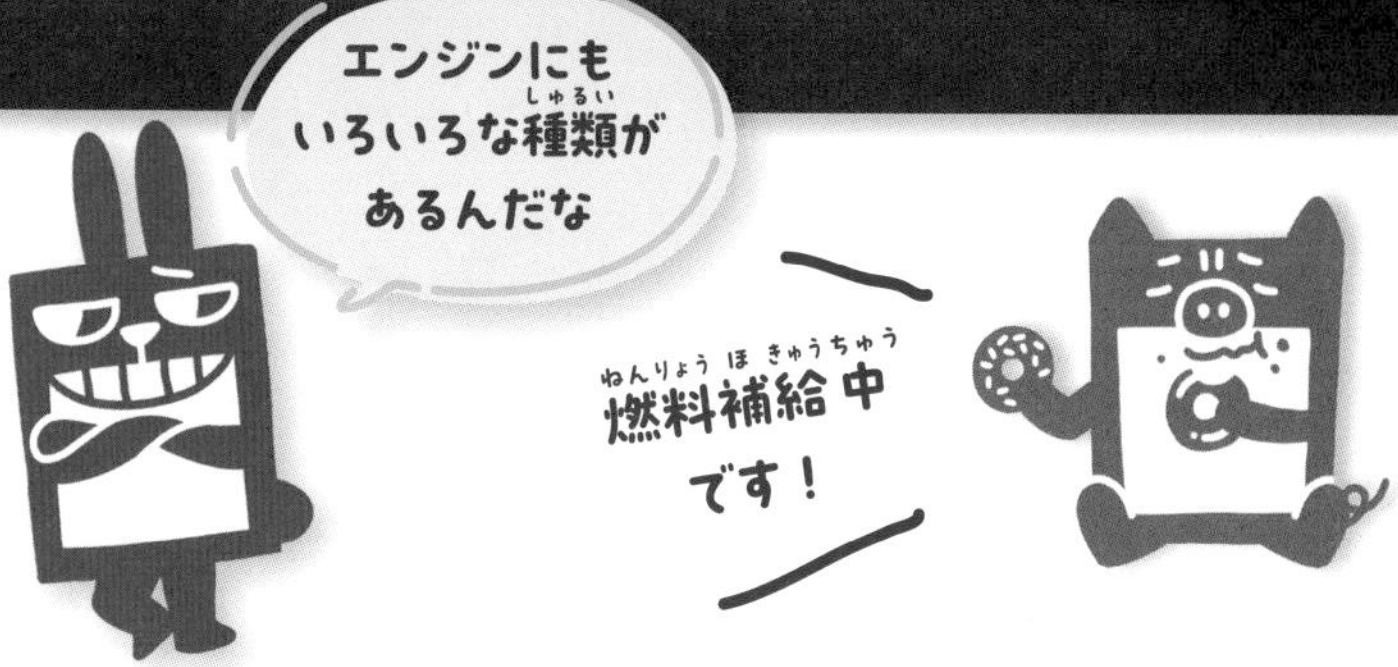
エンジンにも
いろいろな種類《しゅるい》が
あるんだな
燃料《ねんりょう》補《ほ》給中《きゅうちゅう》
です！

ジェットエンジンの噴流《ふんりゅう》

さあ、ぼくたちも
旅《たび》に出《で》よう！

羽田空港《はねだくうこう》から離陸《りりく》するB767（→80ページ）。翼《つばさ》の下《した》のジェットエンジン（→26ページ）から勢《いきお》いよくジェット噴流《ふんりゅう》が出《で》ています。景色《けしき》がかげろうのように揺《ゆ》らいでいるので、わかりやすいですね。

JAPAN AIRLINES
JAL

1 じかんめ

飛行機《ひこうき》のしくみ

飛行機《ひこうき》は何《なに》でできているのでしょう。エンジンのしくみは？　機《き》内食《ないしょく》はどこにおいてあるのでしょう？　ここでは、まるで飛行機《ひこうき》を解《かい》体《たい》するような気分《きぶん》で、飛行機《ひこうき》のひみつをのぞいてみましょう。

飛《ひ》行《こう》機《き》には空《そら》を飛《と》ぶためのしかけがいっぱい

シュッとした流線型《りゅうせんけい》の胴《どう》に大《おお》きな翼《つばさ》。飛行機《ひこうき》のすがたを「かっこいい！」と感《かん》じる人《ひと》はたくさんいるでしょう。しかも、ただ「かっこいい」だけではありません。飛《ひ》行機《こうき》には、空《そら》を飛《と》ぶために必要《ひつよう》なしかけが盛《も》りだくさんなのです。

エアバス社《しゃ》のA380（↓88ページ）を例《れい》に、飛行機《ひこうき》（旅客機《りょかっき》）のしくみを見《み》てみましょう。

大《おお》きな「主翼《しゅよく》」に、4つの「エ

旅客機《りょかっき》のしくみ

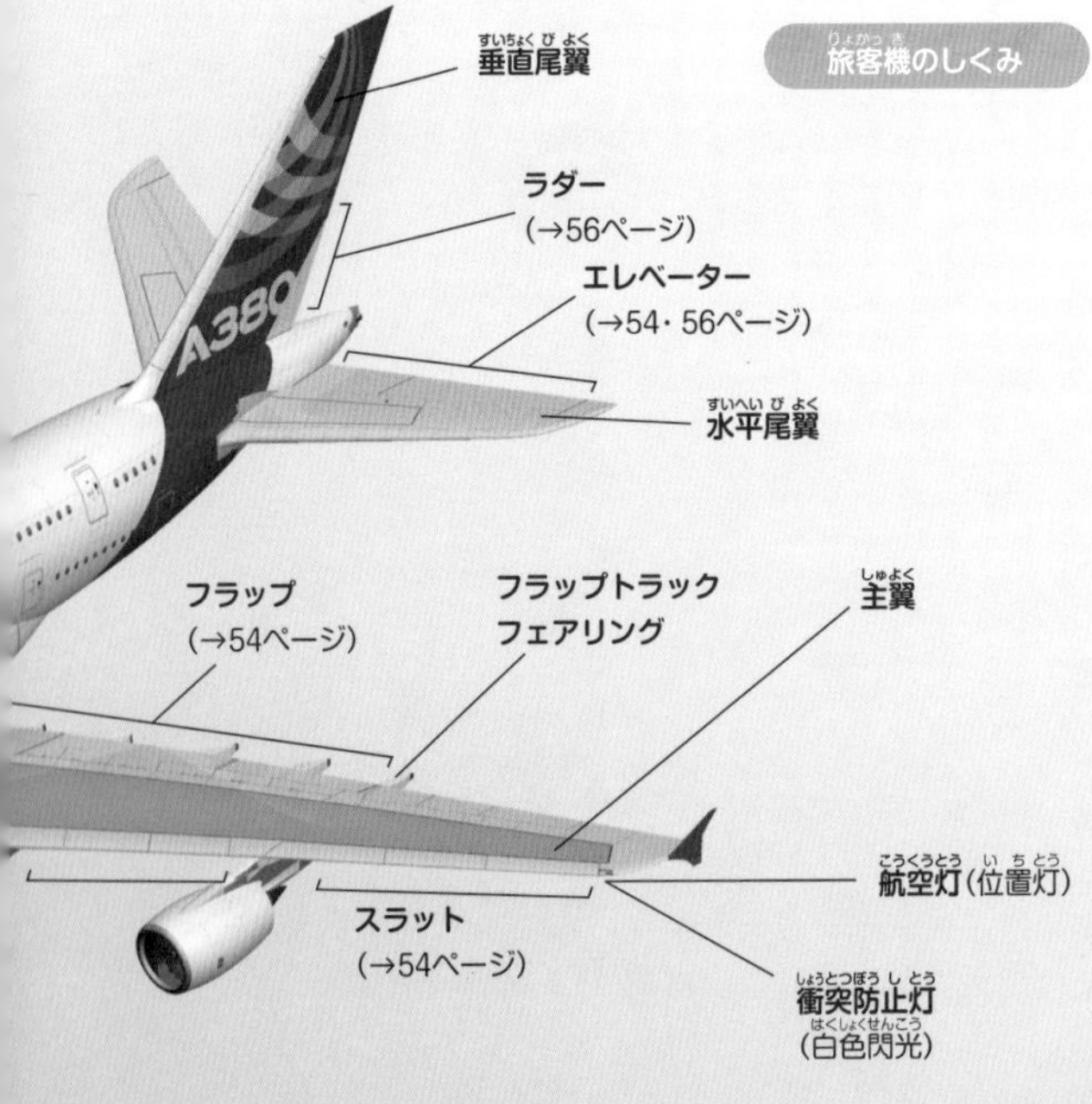
垂直尾翼《すいちょくびよく》
ラダー
(→56ページ)
エレベーター
(→54・56ページ)
水平尾翼《すいへいびよく》
A380
フラップ
(→54ページ)
フラップトラック
フェアリング
主翼《しゅよく》
航空灯《こうくうとう》(位置灯《いちとう》)
スラット
(→54ページ)
衝突防止灯《しょうとつぼうしとう》
(白色閃光《はくしょくせんこう》)

ンジン」が備《そな》わっています。エンジンは飛行機《ひこうき》を動《うご》かすだけでなく、コックピットや客室《きゃくしつ》で使《つか》う電《でん》気《き》を生《う》み出《だ》す発電機《はつでんき》の役目《やくめ》もかねています。

主翼《しゅよく》の先《さき》には、空気抵抗《くうきていこう》を減《へ》らすための「ウィングレット」や、進《すす》む方向《ほうこう》や位置《いち》などを示《しめ》す「航空《こうくう》灯《とう》」がついています。左《ひだり》の翼《つばさ》の航《こう》空灯《くうとう》は赤色《あかいろ》、右《みぎ》の翼《つばさ》の航空灯《こうくうとう》は緑《みどり》色《いろ》に光《ひか》ります。

後方《こうほう》には、飛行中《ひこうちゅう》の機体《きたい》の姿勢《しせい》を保《たも》つ「水平尾翼《すいへいびよく》」と「垂直尾《すいちょくび》翼《よく》」があります。

ウィングレット
フライト中《ちゅう》に主翼《しゅよく》に沿《そ》って流《なが》れる空気《くうき》は、翼《つばさ》の下面《かめん》と上面《じょうめん》で圧力《あつりょく》に差《さ》があるため、「翼端渦《よくたんうず》（下面《かめん》から上面《じょうめん》にまわりこむ空気《くうき》の渦《うず》）」が発生《はっせい》する。翼端渦《よくたんうず》は空気抵《くうきてい》抗《こう》を増《ふ》やし、飛行機《ひこうき》の燃費《ねんぴ》を悪《わる》くさせる。ウィングレットがあると、翼端渦《よくたんうず》をおさえることができる。なお、形状《けいじょう》や航空機《こうくうき》メーカーにより名称《めいしょう》がことなる（A380に装着《そうちゃく》されているものは「ウィングチップ・フェンス」）。

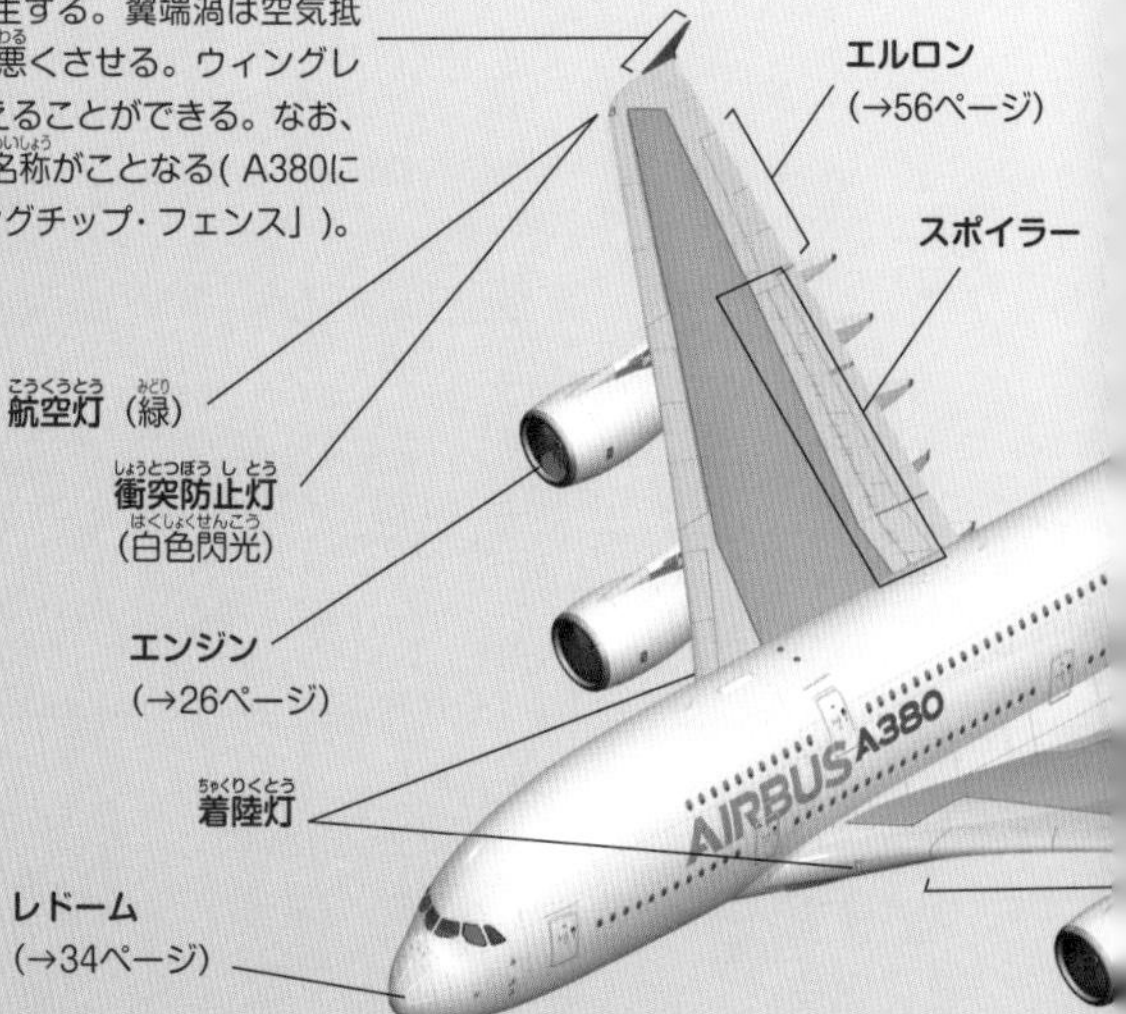

エルロン
（→56ページ）
スポイラー
航空灯《こうくうとう》（緑《みどり》）
衝突防止灯《しょうとつぼうしとう》
（白色閃光《はくしょくせんこう》）
エンジン
（→26ページ）
着陸灯《ちゃくりくとう》
レドーム
（→34ページ）
AIRBUS A380

もっと知《し》りたい

船《ふね》についている「航海灯《こうかいとう》」も、航空灯《こうくうとう》と同《おな》じで「左《ひだり》が赤色《あかいろ》、右《みぎ》が緑色《みどりいろ》」に光《ひか》る。

飛《ひ》行《こう》機《き》の中《なか》をのぞいてみよう！①

飛行機《ひこうき》の中《なか》は、まるでパズルのピースのように、さまざまなしかけが配置《はいち》されています。このページと次《つぎ》のページでは、Ａ３８０（→88ページ）の中《なか》を見《み》ていきます。

まずは前《まえ》の部分《ぶぶん》をのぞいてみましょう。先頭《せんとう》にあるのはコックピット。飛《ひ》行機《こうき》の操縦《そうじゅう》をする場所《ばしょ》です。

機体《きたい》の大部分《だいぶぶん》を占《し》めているのが客室《きゃくしつ》です。Ａ３８０は２階建《かいだ》てで、１階《かい》の「メインデッキ」にはエコノミークラス、２階《かい》の「アッパーデッキ」にはファーストクラス、ビジネスクラス、プレミアムエコノミークラスの座席《ざせき》があります。

客室《きゃくしつ》の下《した》の「ロアーデッキ」は貨物《かもつ》室《しつ》です。機体《きたい》の上部《じょうぶ》と下部《かぶ》それぞれに、赤《あか》く光《ひか》る「衝突防止灯《しょうとつぼうしとう》」がついています。

そのほか、機体《きたい》の各所《かくしょ》に「アンテナ」、翼《つばさ》のつけ根《ね》に白《しろ》く光《ひか》る「着陸灯《ちゃくりくとう》」があります。

ファーストクラスに乗《の》ってみたいな

衝突防止灯《しょうとつぼうしとう》（赤色閃光《せきしょくせんこう》）

ほかの飛行機《ひこうき》との衝突《しょうとつ》を防《ふせ》ぐためのライト。離陸《りりく》のために移動《いどう》をはじめる前《まえ》に点灯《てんとう》し、フライト中《ちゅう》は昼夜関係《ちゅうやかんけい》なくついている。

アイスディテクター

翼《つばさ》やエンジンが凍《こお》ると、故障《こしょう》したり、失速《しっそく》したりする危険《きけん》があるため、この装置《そうち》によって氷《こおり》がついていないか検知《けんち》する。

アンテナ

地上《ちじょう》の管制塔《かんせいとう》と交信《こうしん》をする「通信用《つうしんよう》アンテナ」や、GPSの電波《でんぱ》を受信《じゅしん》する「航法用《こうほうよう》アンテナ」など、さまざまな種類《しゅるい》が機体《きたい》の各所《かくしょ》に取《と》りつけられている。

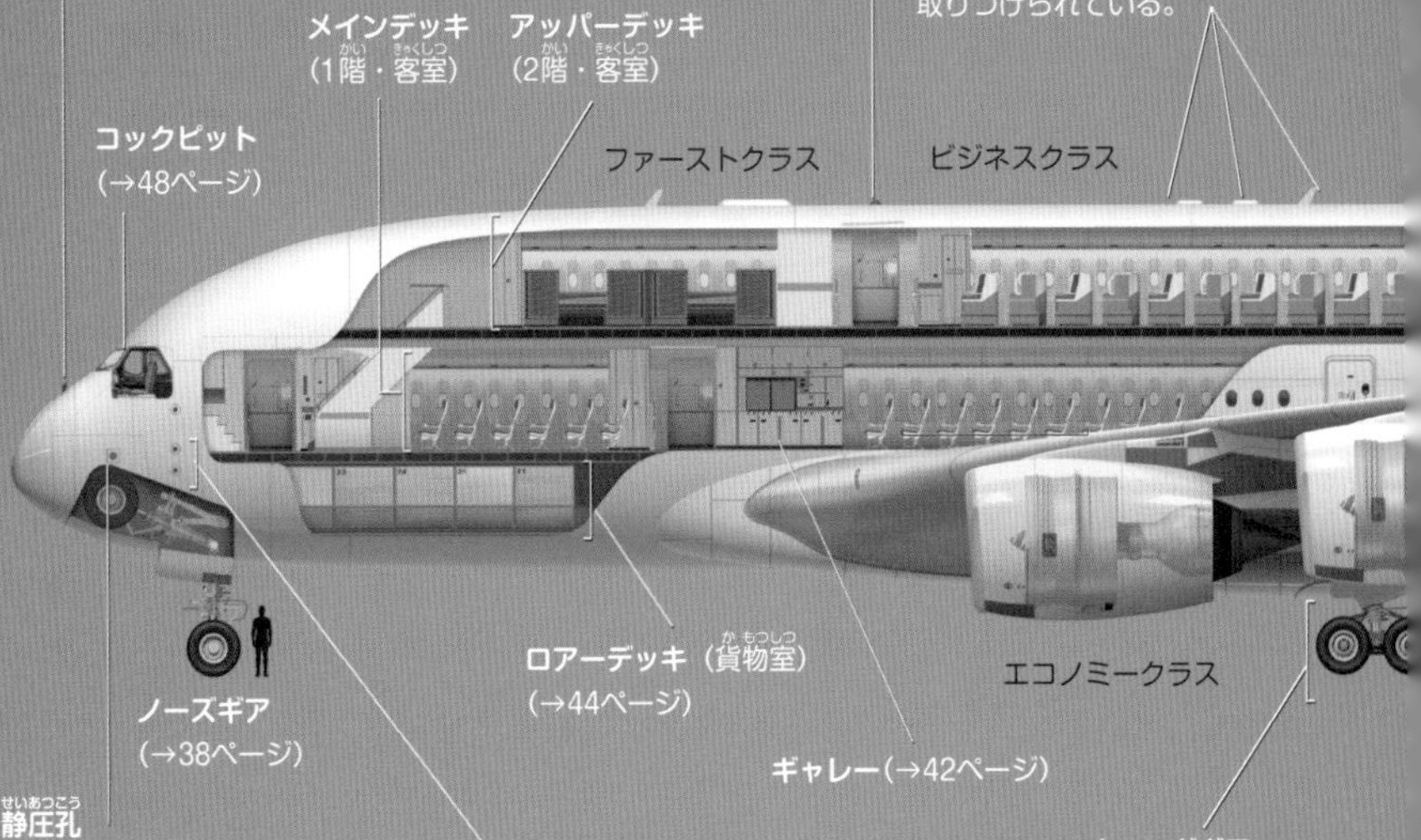
メインデッキ
（1階《かい》・客室《きゃくしつ》）
アッパーデッキ
（2階《かい》・客室《きゃくしつ》）
コックピット
（→48ページ）
ファーストクラス
ビジネスクラス
ノーズギア
（→38ページ）
ロアーデッキ（貨物室《かもつしつ》）
（→44ページ）
エコノミークラス
ギャレー（→42ページ）
ウィングギア
（→38ページ）

静圧孔《せいあつこう》

「静圧《せいあつ》」を計測《けいそく》するために、空気《くうき》の流《なが》れを取《と》りこむパーツ。「静圧《せいあつ》」はこの場合《ばあい》、大気圧《たいきあつ》のこと。

ピトー管《かん》

「動圧《どうあつ》（正面《しょうめん》から受《う》ける風《かぜ》によって生《しょう》じる圧力《あつりょく》）」と「静圧《せいあつ》（大気圧《たいきあつ》）」を足《た》した「総圧《そうあつ》」を計測《けいそく》するために、空気《くうき》の流《なが》れを取《と》りこむパーツ。機首《きしゅ》の側面《そくめん》に2つずつある。ピトー管《かん》の総圧《そうあつ》の値《あたい》から、静圧孔《せいあつこう》の静圧《せいあつ》の値《あたい》を引《ひ》いて動圧《どうあつ》を求《もと》め、そこから飛行速度《ひこうそくど》が計算《けいさん》される。

オレはエコノミークラスでもいいぜ

もっと知《し》りたい

飛行機《ひこうき》の塗装《とそう》は、0.1ミリメートルほどの厚《あつ》みだが、全体《ぜんたい》では数《すう》トンの重量《じゅうりょう》になる。

03 飛《ひ》行《こう》機《き》の中《なか》をのぞいてみよう！②

次《つぎ》は、A380（↓88ページ）のうしろの部分《ぶぶん》を見《み》てみましょう。機体《きたい》の左側《ひだりがわ》（イラストでは手前《てまえ》）には、乗客《じょうきゃく》が乗《の》りこむ「パッセンジャードア」があります。機体《きたい》の右側《みぎがわ》（イラストでは奥《おく》）のドアは「サービスドア」で、機内食《きないしょく》や備品《びひん》を運《はこ》び入《い》れたり、非《ひ》常脱出口《じょうだつしゅつぐち》として使《つか》われます。

客室《きゃくしつ》のうしろ側《がわ》には「後部圧力隔《こうぶあつりょくかく》壁《へき》」があります。気圧《きあつ》が高《たか》められている客室《きゃくしつ》と、外《そと》の空間《くうかん》をへだてる壁《かべ》です。

飛行機《ひこうき》のおしりの部分《ぶぶん》には、着陸《ちゃくりく》するときに飛行機《ひこうき》がしりもちをつくのを防《ふせ》ぐ「テールスキッド」とよばれるパーツがあります。

機体《きたい》の最後尾《さいこうび》には、APU（補助動《ほじょどう》力装置《りょくそうち》）という小型《こがた》のエンジンがあります。飛行機《ひこうき》が地上《ちじょう》にいて、まだエンジンが動《うご》いていないときに、かわりに空調《くうちょう》や照明《しょうめい》をつけます。エンジンを起《き》動《どう》させるために必要《ひつよう》な動力《どうりょく》も、このAPUが担《にな》います。

右側《みぎがわ》と左側《ひだりがわ》で
ドアの役割《やくわり》が
ちがうんだ
尾灯《びとう》（白色《はくしょく》）
機体《きたい》の最後部《さいこうぶ》（APU後端下《こうたんした》など）
にあるライト。夜間飛行時《やかんひこうじ》などに、
航空灯《こうくうとう》とともに飛行機《ひこうき》の進行方向《しんこうほうこう》
や位置《いち》などを示《しめ》す。
パッセンジャードア
（エントリードア）
サービスドア
プレミアムエコノミークラス
A380
APU
（補助動力装置《ほじょどうりょくそうち》）
後部圧力隔壁《こうぶあつりょくかくへき》
ボディギア
（→38ページ）
ウィングレット
（→20ページ）
アウトフローバルブ
（→40ページ）
テールスキッド
機種《きしゅ》によって形状《けいじょう》はさ
まざま。写真《しゃしん》は一例《いちれい》で、
A380のものではない。

もっと知《し》りたい

機種《きしゅ》によっては、垂直尾翼《すいちょくびよく》にえがかれた航空会社《こうくうがいしゃ》のロゴを照《て》らすライトがある。

04 どうして飛行機《ひこうき》のエンジンは扇風機《せんぷうき》みたいなの？

飛行機《ひこうき》の翼《つばさ》のところに、大《おお》きな扇風《せんぷう》機《き》のようなパーツがありますね。これが、空《そら》を飛《と》ぶために必要《ひつよう》な「ジェットエンジン」です。

ジェットエンジンは、前《まえ》から取《と》りこんだ空気《くうき》を、燃料《ねんりょう》と混《ま》ぜて燃《も》やして高《こう》温《おん》・高圧《こうあつ》のガスをつくり、勢《いきお》いよくうしろへ噴出《ふんしゅつ》します。現代《げんだい》の主《おも》な旅客機《りょかっき》は、時速《じそく》900キロメートルほどの速《はや》さで飛《と》びます。それだけのパワーを、生《う》み出《だ》せるとはおどろきですね。

ジェットエンジンにはさまざまな種《しゅ》類《るい》がありますが、現在《げんざい》、主《おも》に使《つか》われているのは「ターボファンエンジン」です。扇風機《せんぷうき》のような「ファン」を使《つか》って、大量《たいりょう》の空気《くうき》を取《と》りこめるのが特徴《とくちょう》です。取《と》りこんだ空気《くうき》はエンジンの中《なか》で二手《ふたて》に分《わ》かれ、一方《いっぽう》はガスとして噴《ふん》出《しゅつ》させ、もう一方《いっぽう》はエンジン全体《ぜんたい》を包《つつ》むように後方《こうほう》に送《おく》り出《だ》されます。このしくみのおかげで燃費《ねんぴ》がよくなり、騒《そう》音《おん》がおさえられています。

ターボファンエンジン（トレント900、ロールス・ロイス）

直径約《ちょっけいやく》3メートルの空気取《くうきと》り入《い》れ口《ぐち》から、毎秒約《まいびょうやく》1トンの空《くう》気《き》を時速《じそく》560キロメートルの速《はや》さで取《と》りこむ。

中圧圧縮機《ちゅうあつあっしゅくき》
回転《かいてん》する翼《つばさ》(動翼《どうよく》)と動《うご》かない翼《つばさ》(静翼《せいよく》)が交互《こうご》に組《く》み合《あ》わさり、動翼《どうよく》が静翼《せいよく》に空気《くうき》を押《お》しつけることで空気《くうき》を圧縮《あっしゅく》する。

高圧圧縮機《こうあつあっしゅくき》
中圧圧縮機《ちゅうあつあっしゅくき》から来《き》た空気《くうき》をさらに圧縮《あっしゅく》し、燃焼室《ねんしょうしつ》へ送《おく》る。

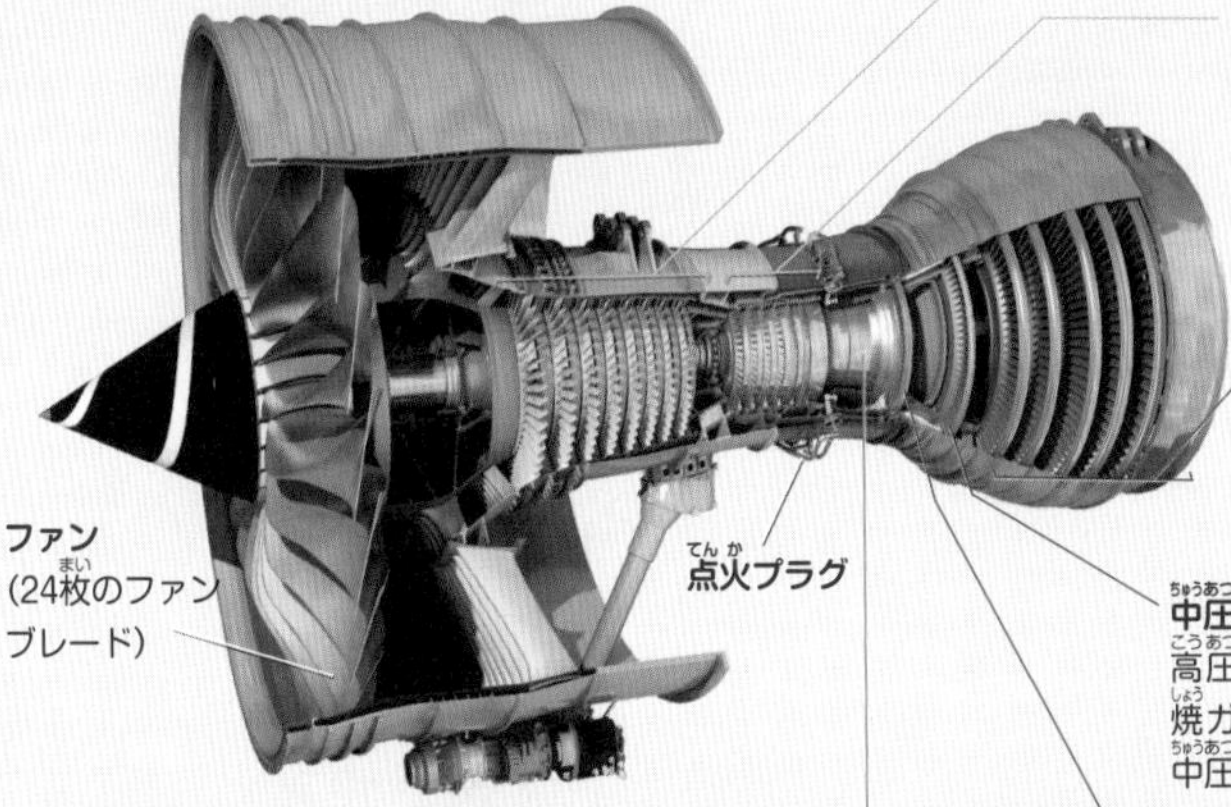
ファン
(24枚《まい》のファンブレード)
点火《てんか》プラグ

低圧《ていあつ》タービン
中圧《ちゅうあつ》タービンから来《き》た燃焼《ねんしょう》ガスを受《う》けて回転《かいてん》し、先頭《せんとう》のファンを動《うご》かす。

中圧《ちゅうあつ》タービン
高圧《こうあつ》タービンから来《き》た燃《ねん》焼《しょう》ガスを受《う》けて回転《かいてん》し、中圧圧縮機《ちゅうあつあっしゅくき》を動《うご》かす。

燃焼室《ねんしょうしつ》
圧縮機《あっしゅくき》で圧力《あつりょく》を加《くわ》えられた空気《くうき》に燃《ねん》料《りょう》を噴射《ふんしゃ》して、点火《てんか》プラグから生《しょう》じる火花《ひばな》で発火《はっか》させて燃焼《ねんしょう》ガスを出《だ》す。

高圧《こうあつ》タービン
燃焼室《ねんしょうしつ》からから来《き》た2000℃をこえる燃焼《ねんしょう》ガスを受《う》けて回転《かいてん》する。高圧圧縮機《こうあつあっしゅくき》を動《うご》かす。

扇風機《せんぷうき》とは逆《ぎゃく》に
空気《くうき》を吸《す》い
こむんだ

ターボファンエンジンの構造《こうぞう》

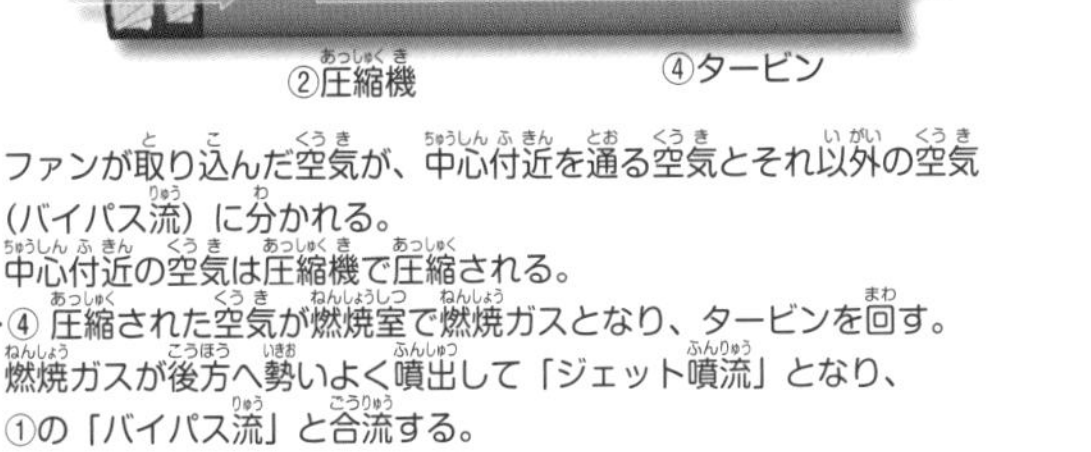
バイパス流《りゅう》
①
②圧縮機《あっしゅくき》
③燃焼室《ねんしょうしつ》
③燃焼室《ねんしょうしつ》
④タービン
⑤
ジェット
噴流《ふんりゅう》

① ファンが取《と》り込《こ》んだ空気《くうき》が、中心付近《ちゅうしんふきん》を通《とお》る空気《くうき》とそれ以外《いがい》の空気《くうき》(バイパス流《りゅう》) に分《わ》かれる。
② 中心付近《ちゅうしんふきん》の空気《くうき》は圧縮機《あっしゅくき》で圧縮《あっしゅく》される。
③・④ 圧縮《あっしゅく》された空気《くうき》が燃焼室《ねんしょうしつ》で燃焼《ねんしょう》ガスとなり、タービンを回《まわ》す。
⑤ 燃焼《ねんしょう》ガスが後方《こうほう》へ勢《いきお》いよく噴出《ふんしゅつ》して「ジェット噴流《ふんりゅう》」となり、①の「バイパス流《りゅう》」と合流《ごうりゅう》する。

もっと知《し》りたい

1950年代《ねんだい》まではファンがついていない「ターボジェットエンジン」が主流《しゅりゅう》だった。

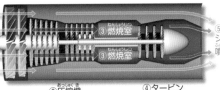

やすみじかん

尾翼《びよく》にもエンジンがある「三発機《さんぱつき》」

たいていの場合《ばあい》、飛行機《ひこうき》のエンジンは、両《りょう》方《ほう》の翼《つばさ》の下《した》に1つずつ、もしくは2つずつついています。エンジンが2つある機体《きたい》を「双《そう》発機《はつき》」、4つある機体《きたい》を「四発機《よんぱつき》」といいます。そして、エンジンが3つついた「三発機《さんぱつき》」というめずらしい機体《きたい》もあります。

三発機《さんぱつき》は、四発機《よんぱつき》より軽《かる》く、双発機《そうはつき》よりパワーがあるので滑走路《かっそうろ》が短《みじか》くてすむなどのメリットがありました。さらに、エンジンをす

L-1011トライスター(ユーロアトランティック航空《こうくう》)
翼《つばさ》の下《した》に1つずつ、垂直尾翼《すいちょくびよく》に1つ、計《けい》3つのエンジンがついている。

べて機体《きたい》のおしりの方《ほう》につけた「リアエンジン機《き》」は、機体《きたい》の位置《いち》がほかの飛行機《ひこうき》より低《ひく》いので、乗客《じょうきゃく》が乗《の》りこんだり荷物《にもつ》を運《はこ》びこんだりするのが楽《らく》でした。

でも、三発機《さんぱつき》のリアエンジン機《き》は、操縦《そうじゅう》や整備《せいび》がむずかしかったようです。そのため、1960～1990年代《ねんだい》をピークに、だんだん姿《すがた》を消《け》していきました。

えっ！ウーさん
操縦《そうじゅう》できるの？

nomads

オレなら余裕《よゆう》で
乗《の》りこなせるぜ！

B727(ノマズ・トラベルクラブ)
エンジンがおしりの左右《さゆう》に1つずつ、垂直尾翼《すいちょくびよく》に1つついている「リアエンジン機《き》」。

上空《じょうくう》1万《まん》メートルの環境《かんきょう》に耐《た》えられるがんじょうな胴体《どうたい》

飛行機《ひこうき》が飛《と》ぶのは、上空約《じょうくうやく》1万《まん》メートルの世界《せかい》です。そこは地上《ちじょう》の4分《ぶん》の1程度《ていど》の気圧《きあつ》（0・26気圧《きあつ》）しかありません。つまり、空気《くうき》が薄《うす》いのです。そのままでは、飛行機《ひこうき》に乗《の》っている人《ひと》はみんな酸欠《さんけつ》になってしまいます。だから、飛行機《ひこうき》の中《なか》は人《ひと》が普通《ふつう》に過《す》ごせるくらい（0・75気圧程度《きあつていど》）まで気《き》圧《あつ》を高《たか》めています。

機内《きない》の気圧《きあつ》を高《たか》めると、飛行機《ひこうき》の胴《どう》体《たい》には、外《そと》に向《む》かってふくらむ力《ちから》がはたらきます。この力《ちから》は、なんと1平方《へいほう》メートルあたり5～6トンにもなります。ふつうなら、すぐに破裂《はれつ》してしまうでしょう。でもそうならないのは、飛行機《ひこうき》の胴体《どうたい》がとてもがんじょうで軽《かる》い「アルミニウム合金《ごうきん》」などの素材《そざい》でできているからです。

近年《きんねん》では、アルミニウム合金《ごうきん》より軽《かる》くて強《つよ》い「CFRP」という素材《そざい》も使《つか》われています。くわしくは次《つぎ》のページで紹介《しょうかい》しています。

クロスビームは
ぼくでも
持《も》ち上《あ》げられそう！

A380（→88ページ）の胴体《どうたい》を組《く》み立《た》てているところ。軸《じく》となる丸《まる》い形《かたち》をした「フレーム」と、前《ぜん》後《ご》方向《ほうこう》に走《はし》る「ストリンガー(縦通材《じゅうつうざい》)」、それらの外側《そとがわ》をおおう「スキン(外板《がいはん》)」を組《く》み合《あ》わせてつくられる。この構造《こうぞう》を「セミモノコック構造《こうぞう》」という。セミモノコック構造《こうぞう》は、強《きょう》度《ど》を保《たも》ちつつ軽量《けいりょう》化《か》できるという特徴《とくちょう》があり、現《げん》代《だい》の多《おお》くの旅客《りょかっ》機《き》に採用《さいよう》されている。

スキン
フレーム
ストリンガー
クロスビーム
2階《かい》の床《ゆか》を支《ささ》える梁《はり》の部分《ぶぶん》。CFRPでできている。7メートル近《ちか》くあるが、重《おも》さは15キログラムほどしかない。

組《く》み立《た》て中《ちゅう》のA380

写真提供《しゃしんていきょう》:AIRBUS

もっと知《し》りたい

飛《ひ》行《こう》機《き》の胴体《どうたい》が筒型《つつがた》なのは、内側《うちがわ》からふくらむ力《ちから》を分散《ぶんさん》させるため。

やすみじかん

軽《かる》くてじょうぶな素材《そざい》「CFRP」

前《まえ》のページで紹介《しょうかい》した「CFRP」は、樹脂《じゅし》に直径数《ちょっけいすう》マイクロメートル(1メートルの百万分《ひゃくまんぶん》の1)の炭素繊維《たんそせんい》を組《く》みこみ、焼《や》き上《あ》げてつくった素材《そざい》です。金属《きんぞく》ではない素材《そざい》が飛行機《ひこうき》に使《つか》われているだなんておどろきですね！

CFRPは、ほかの素材《そざい》とくらべて大《おお》きなパーツをつくることができます。そのため、ネジなどの留《と》め具《ぐ》が少《すく》なくすむので、その分機体《ぶんきたい》

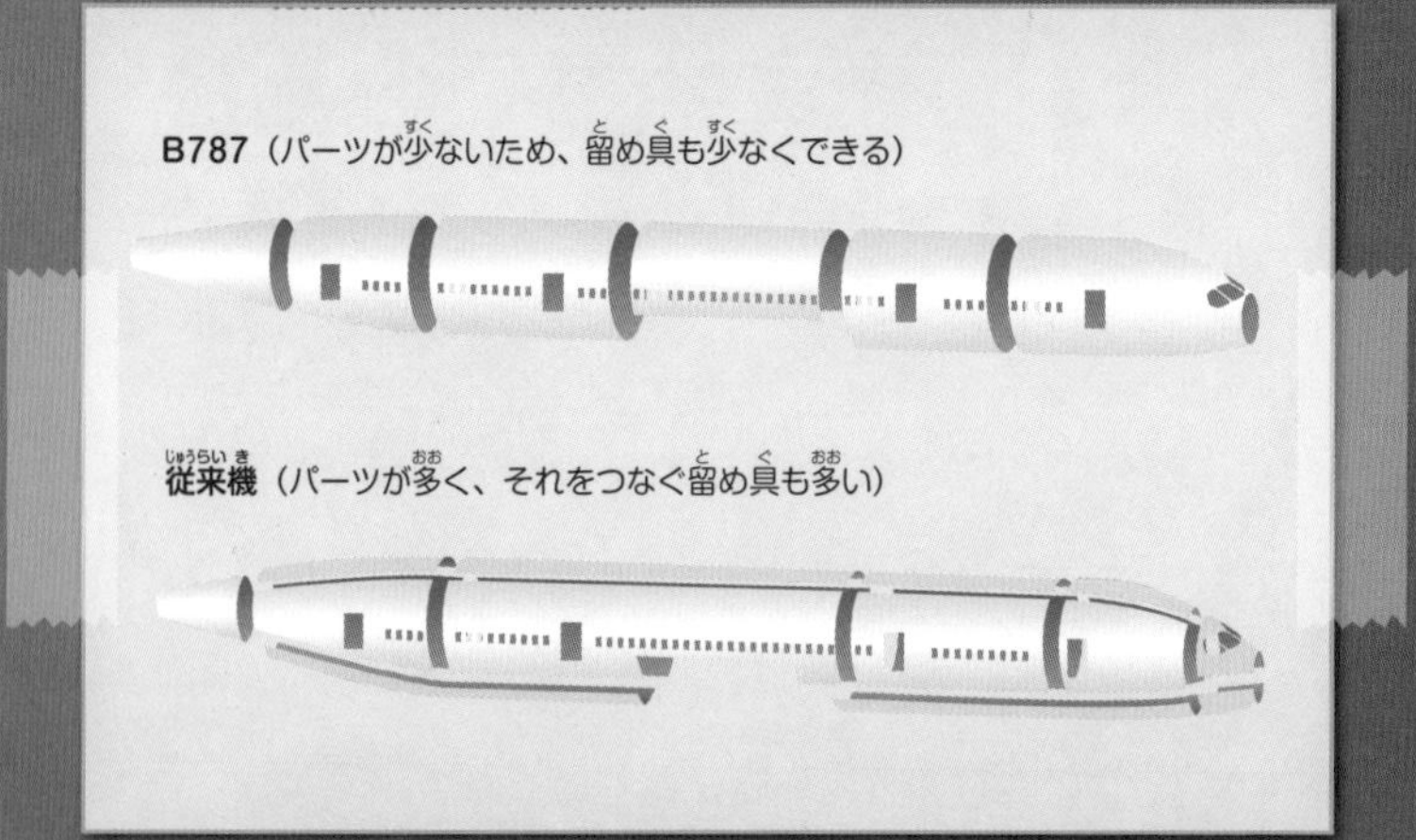
B787（パーツが少《すく》ないため、留《と》め具《ぐ》も少《すく》なくできる）
従来機《じゅうらいき》（パーツが多《おお》く、それをつなぐ留《と》め具《ぐ》も多《おお》い）

B787はCFRPの使用《しよう》によりパーツが少《すく》ないため、留《と》め具《ぐ》も少《すく》なくでき、従来機《じゅうらいき》より軽《かる》くなっている。

を軽《かる》くできるというメリットもあります。

CFRPは、湿気《しっけ》に強《つよ》くて腐食《ふしょく》しにくいという特徴《とくちょう》もあります。たいていの飛行機《ひこうき》は、機体《きたい》の腐食《ふしょく》を防《ふせ》ぐために機内《きない》の湿度《しつど》を数《すう》%に設定《せってい》していますが、たとえばCFRPが多《おお》く使《つか》われているB747（→82ページ）では10数《すう》%まで高《たか》めています。さらに、気圧《きあつ》も高《たか》めに設定《せってい》できるので、乗客《じょうきゃく》はより快適《かいてき》に過《す》ごせるのです！

「CFRP」は、「Carbon Fiber Reinforced Plastics：炭素繊維強化《たんそせんいきょうか》プラスチック」の略《りゃく》。ボーイング社《しゃ》のB787は、全体《ぜんたい》の50%がCFRPでできている（重量比《じゅうりょうひ》）。従来《じゅうらい》の機体《きたい》は強度《きょうど》の問題《もんだい》で0.75気圧《きあつ》までしか上《あ》げられなかったが、B787は0.8気圧《きあつ》まで上《あ》げることができる。より地上《ちじょう》の環境《かんきょう》に近《ちか》いので、乗客《じょうきゃく》は快適《かいてき》に過《す》ごせる。

飛《と》んでいる飛行機《ひこうき》が雷《かみなり》に打《う》たれたらどうなるの？

　空《そら》にピカッと稲妻《いなずま》が走《はし》り、「ドーン！」と大《おお》きな音《おと》がなる雷《かみなり》。もしあれが飛行機《ひこうき》に当《あ》たったら……と心配《しんぱい》になる人《ひと》もいるのではないでしょうか。

　実《じつ》は、飛行機《ひこうき》は機首《きしゅ》にある「レドーム（レーダードーム）」におさまっている気象《きしょう》レーダーを使《つか》って、雷雲《らいうん》をさけながら飛《と》んでいます。ただ、離着陸時《りちゃくりくじ》に雲《くも》を突《つ》き抜《ぬ》けるときや、どうしても雷雲《らいうん》の近《ちか》くを飛《と》ばなくてはならないときに、雷《かみなり》を受《う》けてしまうこともあります。

　でも、だいじょうぶ。雷《かみなり》に当《あ》たっても、電流《でんりゅう》は飛行機《ひこうき》の胴体《どうたい》の表面《ひょうめん》を通《とお》って、翼《つばさ》の先《さき》などから空気中《くうきちゅう》へ逃《に》げていくようになっています。中《なか》の乗客《じょうきゃく》が感電《かんでん》することはありません。

　また、フライト中《ちゅう》は空気《くうき》や雲《くも》との摩擦《まさつ》で機体《きたい》に静電気《せいでんき》がたまります。そのままだと計器類《けいきるい》が壊《こわ》れてしまうので、「スタティック・ディスチャージャー」から空気中《くうきちゅう》に逃《に》がしています。

レドームの中《なか》の気象《きしょう》レーダー

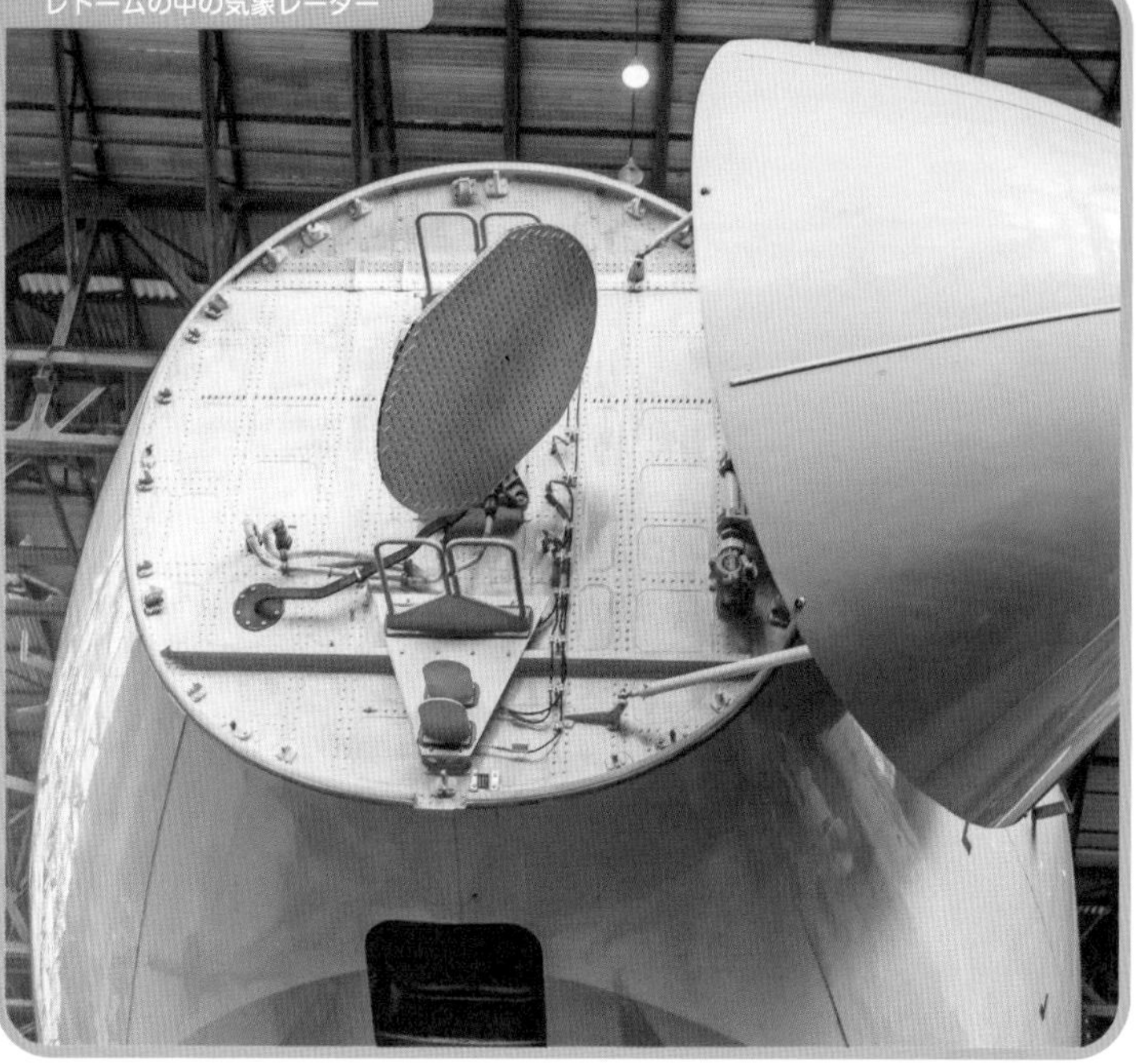

飛行機《ひこうき》の機首部分《きしゅぶぶん》はパカッと開《ひら》くようになっていて、中《なか》に気象《きしょう》レーダーが入《はい》っている。
(画像提供《がぞうていきょう》:aapsky ©123RF.COM)

スタティック・ディスチャージャー（放電索《ほうでんさく》）

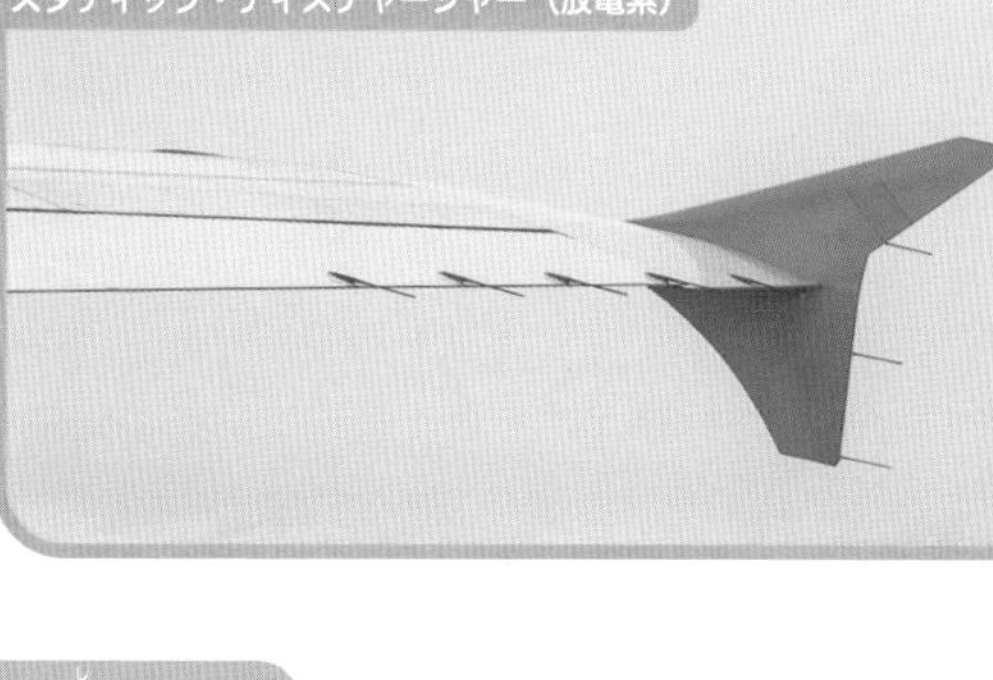

主翼《しゅよく》のうしろの縁《ふち》や、ウィングレット（→20ページ）についている。

もっと知《し》りたい

雷《かみなり》だけでなく「バードストライク（鳥《とり》の衝突《しょうとつ》)」もやっかい。機体《きたい》が壊《こわ》れることも。

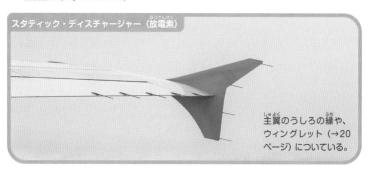

07

飛《ひ》行《こう》機《き》の燃《ねん》料《りょう》タンクは翼《つばさ》の中《なか》にある

飛行機《ひこうき》を飛《と》ばすためには、たくさんの燃料《ねんりょう》が必要《ひつよう》です。たとえば、A380（↓88ページ）には、約《やく》32万《まん》4500リットル（約《やく》255トン）も入《はい》る燃《ねん》料《りょう》タンクがあります。どこにそのようなスペースがあるのでしょうか?

なんと、飛行機《ひこうき》の燃料《ねんりょう》タンクは翼《つばさ》の中《なか》にあるのです。飛行機《ひこうき》の翼《つばさ》には、縦《じゅう》横《おう》に組《く》まれた骨組《ほねぐ》みがあります。その一部《いちぶ》が密閉構造《みっぺいこうぞう》になっていて、燃料《ねんりょう》タンクとして使用《しよう》されています。

フライト中《ちゅう》の飛行機《ひこうき》の翼《つばさ》には、上向《うわむ》きの「揚力《ようりょく》」（↓52ページ）という力《ちから》がはたらいています。翼《つばさ》に燃料《ねんりょう》を積《つ》んで重《おも》くすることで、下向《したむ》きの「重力《じゅうりょく》」をはたらかせ、翼《つばさ》がつけ根《ね》から折《お》れてしまうのを防《ふせ》いでいます。

また、翼《つばさ》と胴体《どうたい》がつながる部分《ぶぶん》にも燃料《ねんりょう》タンクがあります。機体《きたい》の中央《ちゅうおう》にも燃料《ねんりょう》を積《つ》むことで、フライト中《ちゅう》に燃《ねん》料《りょう》が少《すく》なくなっていっても、機体《きたい》の重《じゅう》心《しん》は安定《あんてい》したままになります。

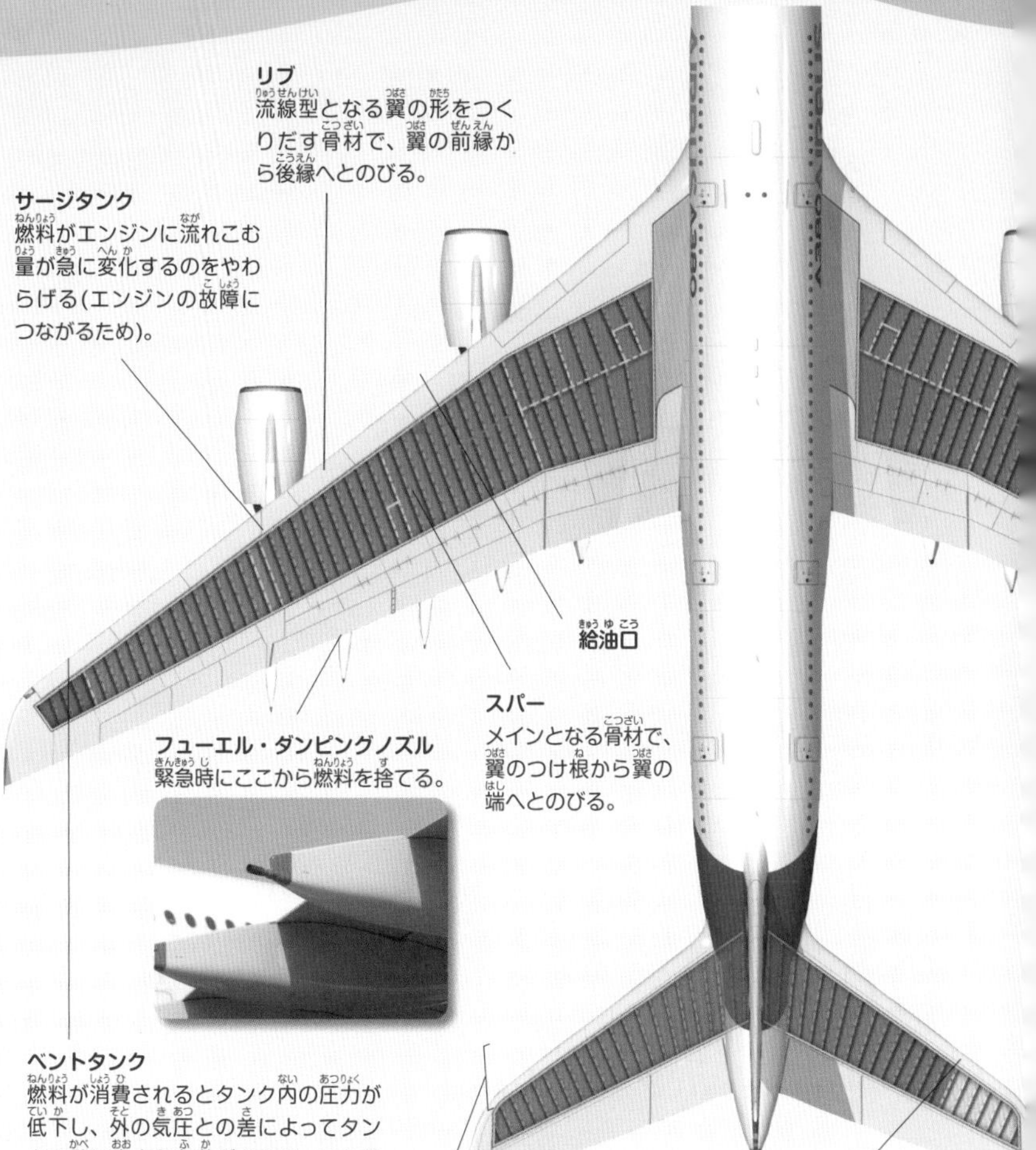
リブ
流線型《りゅうせんけい》となる翼《つばさ》の形《かたち》をつくりだす骨材《こつざい》で、翼《つばさ》の前縁《ぜんえん》から後縁《こうえん》へとのびる。
サージタンク
燃料《ねんりょう》がエンジンに流《なが》れこむ量《りょう》が急《きゅう》に変化《へんか》するのをやわらげる(エンジンの故障《こしょう》につながるため)。
給油口《きゅうゆこう》
スパー
メインとなる骨材《こつざい》で、翼《つばさ》のつけ根《ね》から翼《つばさ》の端《はし》へとのびる。
フューエル・ダンピングノズル
緊急時《きんきゅうじ》にここから燃料《ねんりょう》を捨《す》てる。
ベントタンク
燃料《ねんりょう》が消費《しょうひ》されるとタンク内《ない》の圧力《あつりょく》が低下《ていか》し、外《そと》の気圧《きあつ》との差《さ》によってタンクの壁《かべ》に大《おお》きな負荷《ふか》がかかる。これをさけるために、ベントタンクから外《そと》の空気《くうき》を取《と》りこみ、圧力《あつりょく》を調整《ちょうせい》する。
トリムタンク
主《おも》に、機体《きたい》のバランスを調整《ちょうせい》する。A380など、一部《いちぶ》の機種《きしゅ》に設置《せっち》されている。
ベント／サージタンク
ベントタンクとサージタンクの、両方《りょうほう》の役割《やくわり》を兼《か》ね備《そな》えたタンク。

主翼《しゅよく》・尾翼内《びよくない》の燃料《ねんりょう》タンク

イラストでは、A380の燃料《ねんりょう》タンクをえがいた(黄緑《きみどり》の点線部分《てんせんぶぶん》)。翼内《つばさない》のタンクは、さらに複数《ふくすう》の小部屋《こべや》に分《わ》けられている。燃料《ねんりょう》はポンプを介《かい》して、エンジンやAPU（→24ページ）に供給《きょうきゅう》される。

もっと知《し》りたい

「ベントタンク」の「ベント（vent)」は、「通気口《つうきこう》」という意味《いみ》。

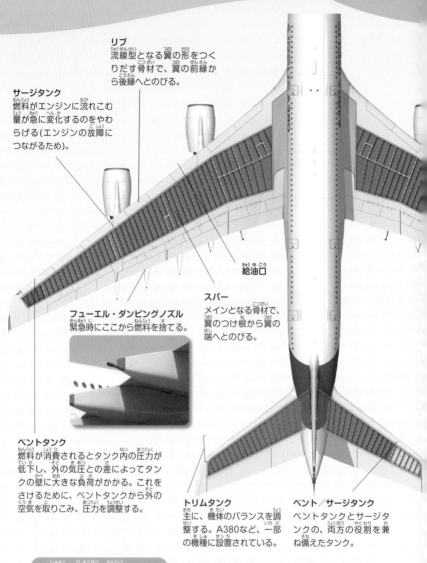

08 離着陸《りちゃくりく》のショックをやわらげるしくみ

飛行機《ひこうき》は、数百《すうひゃく》トンもの重《おも》さがある非常《ひじょう》に重《おも》い乗《の》り物《もの》です。その飛行機《ひこうき》が、離陸時《りりくじ》は時速《じそく》300キロメートル、着陸時《ちゃくりくじ》は時速《じそく》250キロメートルくらいのスピードを出《だ》しています。当然《とうぜん》、飛行機《ひこうき》のタイヤにはものすごい衝撃《しょうげき》が加《くわ》わることになります。

その衝撃《しょうげき》を吸収《きゅうしゅう》しているのが、「ランディングギア」です。全部《ぜんぶ》で3種類《しゅるい》あり、機首《きしゅ》についているのが「ノーズギア」、胴体《どうたい》についているのが「ボディギア」、翼《つばさ》の下《した》についているのが「ウィングギア」です。ランディングギアは、衝撃《しょうげき》をやわらげる装置《そうち》とタイヤで構成《こうせい》されています。装置《そうち》の中《なか》には油《あぶら》とガスが入《はい》っていて、これがバネの役割《やくわり》をすることで衝撃《しょうげき》を吸収《きゅうしゅう》します。

飛行機《ひこうき》のタイヤは、すり減《へ》っても、自動車《じどうしゃ》のように丸《まる》ごと交換《こうかん》はしません。表面《ひょうめん》の「トレッド」という部分《ぶぶん》だけを交換《こうかん》します。廃棄《はいき》タイヤが減《へ》るので、とてもエコですね。

飛行機《ひこうき》のタイヤ（ラジアルタイヤ）

カーカス
タイヤに埋《う》め込《こ》まれた骨格《こっかく》。

ベルト
強度《きょうど》を増《ま》すためのもの。

トレッド
タイヤの表面《ひょうめん》の皮《かわ》。

多板式《たばんしき》ディスクブレーキ
車輪《しゃりん》とともに回転《かいてん》する「ローターディスク」と、固定《こてい》されて回転《かいてん》しない「ステーターディスク」が交互《こうご》に並《なら》んでおり、これらを油圧《ゆあつ》で押《お》しつけることでタイヤの回転《かいてん》を止《と》める。

オレオ式《しき》緩衝《かんしょう》装置《そうち》

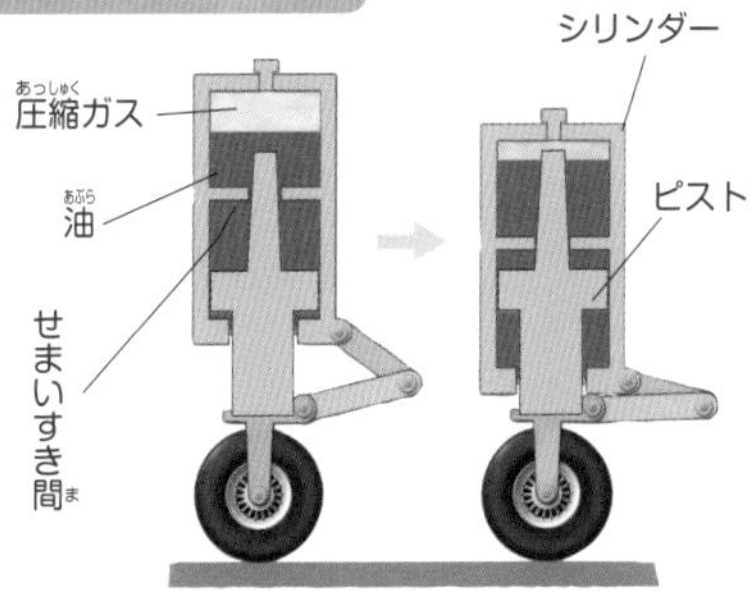

シリンダー（筒《つつ》）の中《なか》に、圧縮《あっしゅく》ガスと油《あぶら》が充填《じゅうてん》されている。衝撃《しょうげき》が加《くわ》わると、ピストンが持《も》ち上《あ》がり、せまいすき間《ま》を油《あぶら》がゆっくり抜《ぬ》けていくことで衝撃《しょうげき》を吸収《きゅうしゅう》する。

もっと知《し》りたい

飛行機《ひこうき》のタイヤは、どんな環境《かんきょう》でも圧力《あつりょく》が変化《へんか》しにくい窒素《ちっそ》ガスで満《み》たされている。

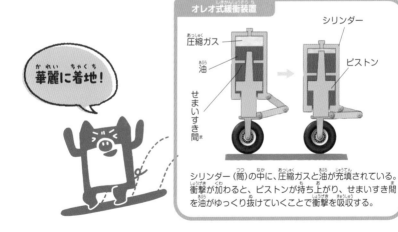

09

客室《きゃくしつ》をいごこちよくするくふうを見《み》てみよう

飛行機《ひこうき》の客室《きゃくしつ》は「キャビン」とも言《い》って、乗客《じょうきゃく》が快適《かいてき》に過《す》ごせるようにくふうがほどこされています。

まず、座席《ざせき》の上《うえ》を見《み》てみましょう。手荷物《てにもつ》を収納《しゅうのう》する棚《たな》「オーバーヘッド・ビン」があります。機種《きしゅ》によっては上面《じょうめん》に小《ちい》さい鏡《かがみ》が貼《は》られていて、棚《たな》の中《なか》が見《み》やすくて便利《べんり》です。

さて、飛行機《ひこうき》は換気《かんき》ができなさそうなので、長《なが》い時間《じかん》が経《た》つと、中《なか》の空気《くうき》が汚《よご》れてしまいそうですよね。でも、そんなことはありません。実《じつ》は、エンジンから大量《たいりょう》の新鮮《しんせん》な空気《くうき》が機内《きない》に送《おく》りこまれているのです。そして、機体《きたい》の下部《かぶ》についているアウトフローバルブから外《そと》に抜《ぬ》けていきます。そのおかげで、機内《きない》の空気《くうき》は2～3分《ふん》ですべて新《あたら》しく入《い》れかわります。

そのほかにも、電気《でんき》や窓《まど》のシェードなど、キャビンにはくふうがいっぱい。飛行機《ひこうき》に乗《の》ったら、いろいろ見《み》つけてみたいですね。

オーバーヘッド・ビン

鏡《かがみ》

オーバーヘッド・コンパートメント、オーバーヘッド・ストレージなどとよばれる場合《ばあい》もある。

機内《きない》を循環《じゅんかん》する空気《くうき》

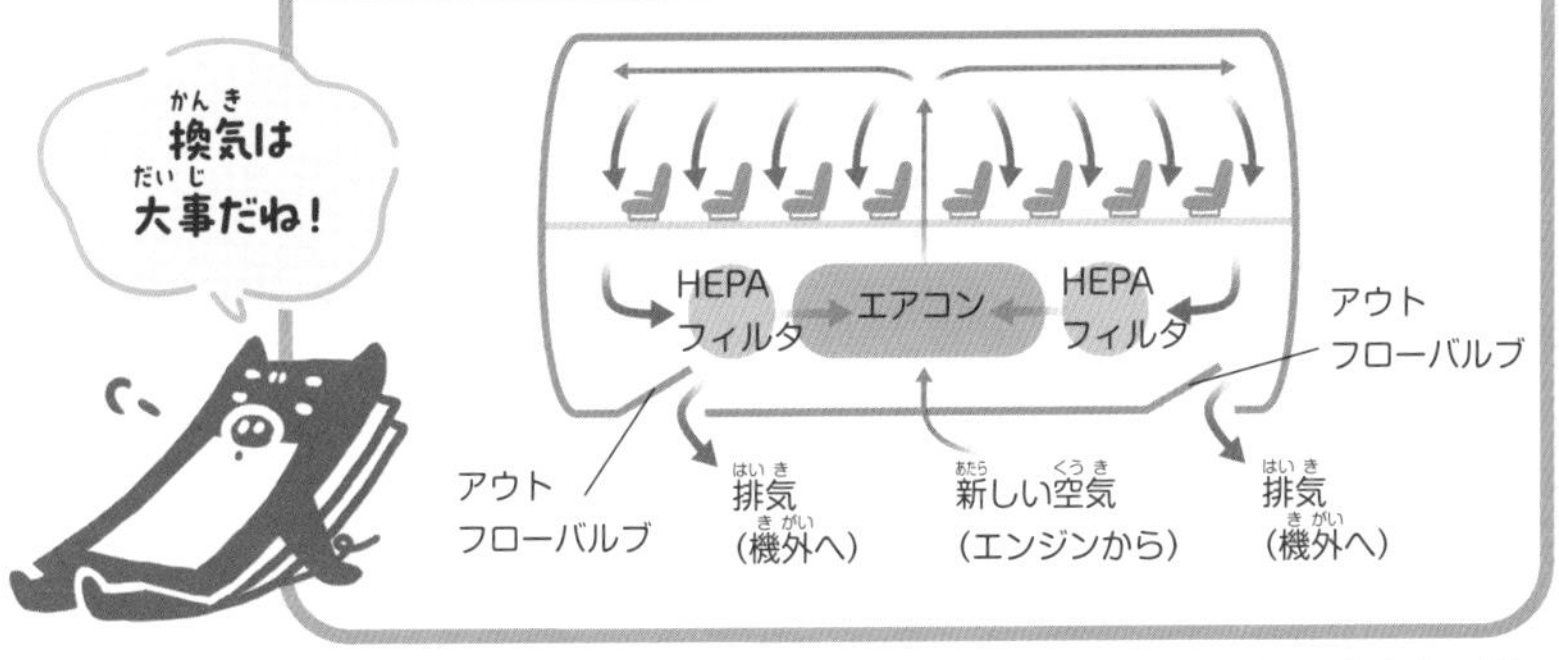
換気《かんき》は
大事《だいじ》だね！
HEPA
フィルタ
エアコン
HEPA
フィルタ
アウト
フローバルブ
アウト
フローバルブ
排気《はいき》
(機外《きがい》へ)
新《あたら》しい空気《くうき》
(エンジンから)
排気《はいき》
(機外《きがい》へ)

エンジンから入《はい》ってきた空気《くうき》はエアコンに入《はい》り、天井《てんじょう》についているダクトを通《とお》って客室内《きゃくしつない》へ届《とど》けられる。一部《いちぶ》の空気《くうき》は非常《ひじょう》に細《こま》かい目《め》をもつ「HEPA《へパ》フィルタ(High-Efficiency Particulate Air filter)」で浄化《じょうか》されてふたたびエアコンに戻《もど》り、ほかはアウトフローバルブから機体《きたい》の外《そと》へ抜《ぬ》ける。作図参考《さくずさんこう》:JAL ウェブサイト

もっと知《し》りたい

B787（→76ページ）には、ボタンで明《あか》るさを制御《せいぎょ》できる電子《でんし》シェードがある。

10 フライト中《ちゅう》、CAはどこで休《やす》んでいるの？

キャビンアテンダント（CA）は、フライト中《ちゅう》に、乗客《じょうきゃく》に食事《しょくじ》や飲《の》み物《もの》を運《はこ》んでくれたり、困《こま》ったときに助《たす》けてくれる人《ひと》です。乗客《じょうきゃく》の対応《たいおう》をしていないとき、CAたちはどこにいるのでしょうか？

実《じつ》は、CAには専用《せんよう》の座席《ざせき》があって、短《みじか》い時間《じかん》であればそこで休憩《きゅうけい》します。長《なが》い時間《じかん》飛行《ひこう》する国際線《こくさいせん》では、「クルーレスト」や「クルーバンク」などとよばれる専用《せんよう》の部屋《へや》で、ベッドを使《つか》って仮眠《かみん》をとります。この部屋《へや》は、客《きゃく》室《しつ》の天井裏《てんじょううら》や、床下《ゆかした》のロアーデッキなどに設《もう》けられています。

「ギャレー」とよばれる、飛行機用《ひこうきよう》のキッチンにいることもあります。キッチンといっても、コンロや水道《すいどう》はありません。あらかじめ調理《ちょうり》された機内《きない》食《しょく》を温《あたた》めるスチームオーブンや、飲《の》み物《もの》などを冷《ひ》やすエアチラー、飲《の》み残《のこ》しなどを捨《す》てるための小《ちい》さなシンクがあります。

クルーレスト

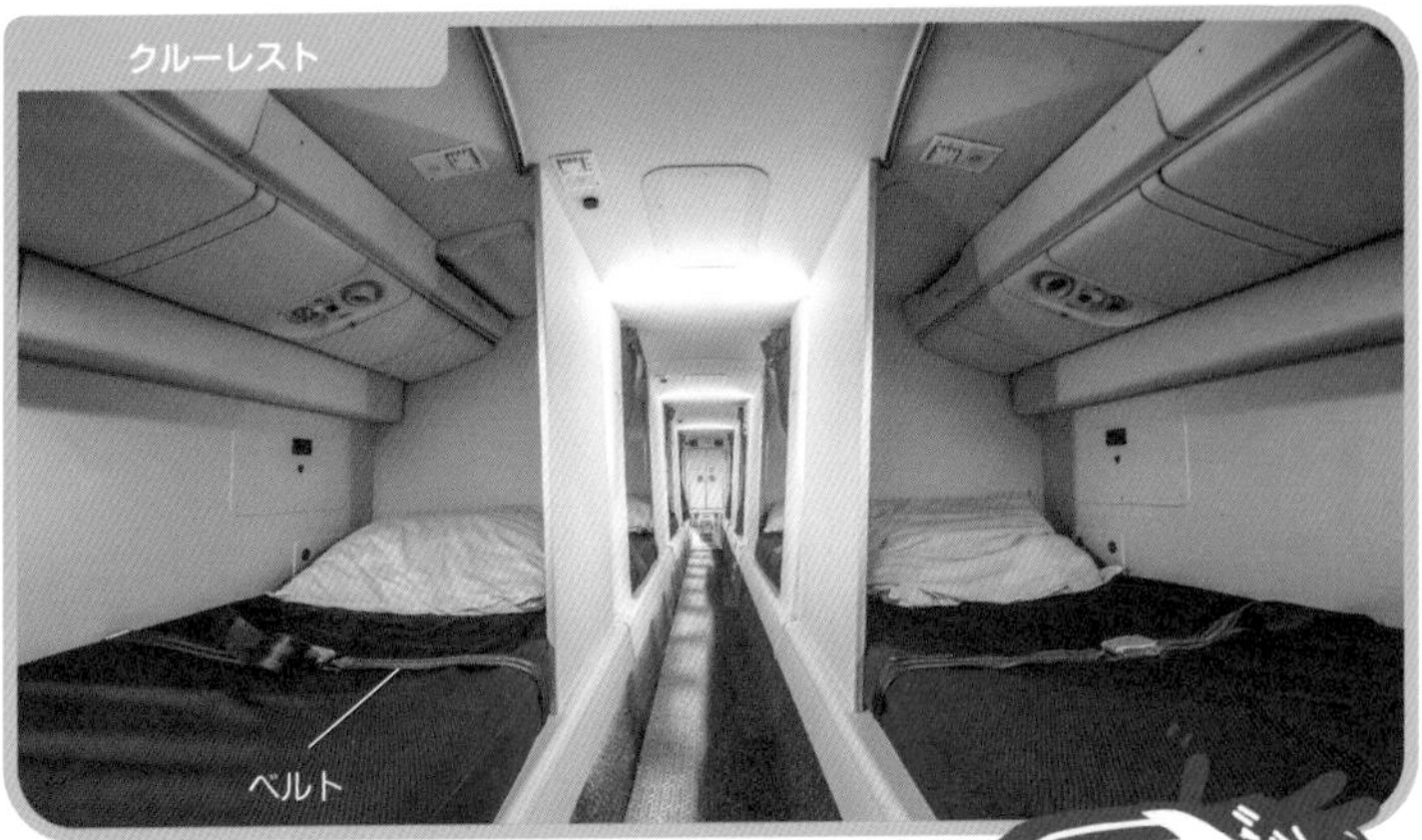
ベルト

ZZZ…

写真《しゃしん》はB777（→78ページ）のクルーレスト。乗務員《じょうむいん》しか入《はい》ることのできないせまいスペースに、仮眠用《かみんよう》のベッドが並《なら》んでいる。体《からだ》を横《よこ》にするときは、ベルトをしなければならない。

旅客機《りょかっき》のギャレー（例《れい》）

エアチラー
冷却《れいきゃく》された空気《くうき》を送《おく》り、カートを冷《ひ》やすことができる装置《そうち》。
コーヒーメーカー
棚《たな》の中《なか》に軽食《けいしょく》や備品《びひん》が収納《しゅうのう》されている。
料理《りょうり》を入《い》れた「ミールカート」やお酒《さけ》やソフトドリンクを入《い》れた「リカーカート」などが、扉《とびら》の中《なか》に収納《しゅうのう》されている。
飲料水《いんりょうすい》を得《え》たり、使用後《しようご》の水《みず》を捨《す》てたりする小《ちい》さなシンク。
スチームオーブン
高温《こうおん》の水蒸気《すいじょうき》を利用《りよう》して料理《りょうり》を加熱《かねつ》することができる。

もっと知《し》りたい

上級《じょうきゅう》クラスのある一部《いちぶ》の路線《ろせん》では、ギャレーにある炊飯器《すいはんき》で米《こめ》を炊《た》くこともある。

11 バランスに気《き》をつけて荷物《にもつ》を運《はこ》び入《い》れる

大型《おおがた》の飛行機《ひこうき》には、貨物《かもつ》や荷物《にもつ》を積《つ》むための貨物室《かもつしつ》がもうけられています。飛行機《ひこうき》に積《つ》みこまれる貨物《かもつ》は、「ULD(Unit Load Device)」にまとめられます。ULDには「コンテナ」とよばれる金属製《きんぞくせい》の箱《はこ》と、コンテナに入《はい》らないものをまとめる「パレット」という板状《いたじょう》の台《だい》があります。

　コンテナは、四角《しかく》い箱《はこ》ではありません。飛行機《ひこうき》の胴体《どうたい》は丸《まる》く、貨《か》

貨物室《かもつしつ》の配置例《はいちれい》（B787-8の場合《ばあい》）
フォワードカーゴルーム
アフターカーゴルーム
バルクカーゴルーム
atc

物室《もつしつ》の壁《かべ》も丸《まる》いので、四角《しかく》い箱《はこ》を詰《つ》め込《こ》むと隙間《すきま》がたくさんあいてしまいます。なので、コンテナの片面《かためん》は台形《だいけい》になっています。

さて、貨物室《かもつしつ》に貨物《かもつ》を積《つ》みこむときは、いろいろと計算《けいさん》が必要《ひつよう》です。もしうっかり機体《きたい》の片側《かたがわ》だけに重《おも》いものを積《つ》んでしまうと、フライト中《ちゅう》に飛行機《ひこうき》がかたむくことになるからです。貨物《かもつ》の重《おも》さを計《けい》算《さん》し、飛行機《ひこうき》のどこにどの貨物《かもつ》を積《つ》むかを考《かんが》えるのが「ロードコントローラー」という人《ひと》たち。安全《あんぜん》なフライトにかかせない仕事《しごと》です。

積《つ》みこまれる2台《だい》のコンテナ。四角《しかく》い箱《はこ》からカドを落《お》としたような台形《だいけい》になっている。

貨物室《かもつしつ》に並《なら》ぶパレットに積《つ》まれた家畜《かちく》の木箱《きばこ》。

B747-400BDSF（アエロトランスカーゴ）

もっと知《し》りたい

貨物専用機《かもつせんようき》や貨客混載型《かきゃくこんさいがた》は、メインデッキにも貨物《かもつ》を積《つ》みこむことがある。

やすみじかん

空気《くうき》の力《ちから》で流《なが》す飛行機《ひこうき》のトイレ

　家《いえ》や学校《がっこう》のトイレは、水《みず》を勢《いきお》いよく出《だ》しておしっこやうんちを流《なが》しますね。でも、飛行《ひこう》機《き》にはそんなにたくさんの水《みず》は積《つ》めないので、この方法《ほうほう》は使《つか》えません。

　かわりに空気《くうき》の力《ちから》を使《つか》います。飛行機《ひこうき》の汚《お》物《ぶつ》タンクの中《なか》は気圧《きあつ》が低《ひく》いので、バルブを開《あ》けると、気圧《きあつ》が高《たか》い機内《きない》の空気《くうき》は汚水《おすい》とともにタンクの中《なか》に吸《す》いこまれます。このため、少《すく》ない水《みず》でトイレを流《なが》せるのです。

飛行機《ひこうき》のトイレ
B787（→76ページ）のトイレ。
＊写真提供《しゃしんていきょう》:ジャムコ

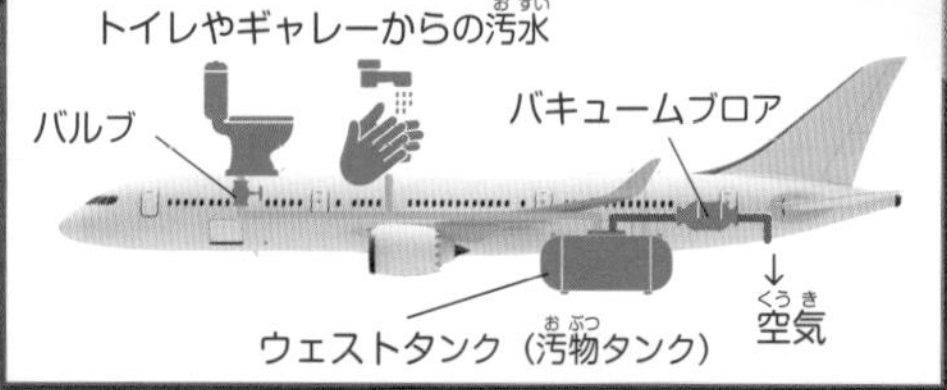

機内《きない》トイレのしくみ
（バキューム式《しき》）
トイレやギャレーから出《で》た汚《お》水《すい》は、ウェストタンクにためられる。タンクには機外《きがい》につながるパイプがあり、気圧《きあつ》が低《ひく》くなっている。

2
じかんめ

飛《ひ》行《こう》機《き》はどうやって飛《と》ぶの？

飛《ひ》行《こう》機《き》を近《ちか》くで見《み》ると、あまりに大《おお》きくてびっくりするでしょう。あんなに大《おお》きな乗《の》り物《もの》が空《そら》を飛《と》ぶなんて、ふしぎですね。ここでは、飛《ひ》行《こう》機《き》が飛《と》ぶしくみや、安全《あんぜん》に飛《と》ぶためのしかけについてお話《はな》しします。

01 たくさんのディスプレイとスイッチが並《なら》ぶコックピット

ここでは、パイロットになった気分《きぶん》で、飛行機《ひこうき》のコックピット（操縦席《そうじゅうせき》）を見《み》てみましょう。自動車《じどうしゃ》の運転席《うんてんせき》などとちがって、ディスプレイやスイッチがたくさん並《なら》んでいますね。

ディスプレイには、飛行経路《ひこうけいろ》、機体《きたい》の姿勢《しせい》、エンジンの状態《じょうたい》などが映《うつ》しだされます。このようにディスプレイが並《なら》んだコックピットを「グラスコックピット」といいます。以前《いぜん》は、コックピットには針《はり》が回《まわ》るメーターやランプがたくさんついていて、そこからフライトに必要《ひつよう》な情報《じょうほう》を読《よ》み取《と》るようになっていました。それらをディスプレイに置《お》きかえることで、よりわかりやすくなったのです。

座席《ざせき》の正面《しょうめん》にある「操縦桿《そうじゅうかん》（操縦《そうじゅう》輪《りん》）」は、前後《ぜんご》に押《お》し引《ひ》きすることで機首《きしゅ》の上下《じょうげ》を、左右《さゆう》にまわすことで機《き》体《たい》の傾《かたむ》きを制御《せいぎょ》することができます。足下《あしもと》の「ラダーペダル」を踏《ふ》むと、機《き》首《しゅ》を左右《さゆう》に向《む》けることができます。

ディスプレイの役割《やくわり》

① 通信機器《つうしんきき》の周波数《しゅうはすう》、日時《にちじ》、機体《きたい》の姿勢《しせい》や速度《そくど》、高度《こうど》、ミニマップなど
② 運航路線《うんこうろせん》、風向《かざむ》き、風速《ふうそく》、エンジンなどに関《かん》する情報《じょうほう》
③ 飛行管理《ひこうかんり》システム（→50ページ）の操作《そうさ》など
④ ①と②が故障《こしょう》した際《さい》のバックアップ用《よう》
⑤ 電子化《でんしか》された運航《うんこう》マニュアルや、飛行経路《ひこうけいろ》がわかる地図《ちず》、空港《くうこう》の情報《じょうほう》など

A.ヘッドアップディスプレイ
パイロットが前《まえ》を見《み》たまま飛行《ひこう》に必要《ひつよう》な情報《じょうほう》を得《え》られる透明《とうめい》なディスプレイ。

B.オーバーヘッドパネル
エンジン始動《しどう》スイッチ、油圧《ゆあつ》・燃料《ねんりょう》・電気《でんき》などのシステムを操作《そうさ》するパネル。

C.グレアシールドパネル
自動操縦《じどうそうじゅう》や、ディスプレイの表示《ひょうじ》に関《かん》するスイッチが並《なら》ぶ。

D.ティラー
前《まえ》またはうしろに倒《たお》すと、ノーズギア（→38ページ）についたタイヤが右《みぎ》または左《ひだり》を向《む》く。

E.スラストレバー
エンジンの出力《しゅつりょく》を調整《ちょうせい》する。

F.フラップレバー
主翼《しゅよく》のフラップ（→54ページ）を調整《ちょうせい》する。

G.ラダーペダル
ラダー（→56ページ）を動《うご》かす。左《ひだり》のペダルを踏《ふ》むと機首《きしゅ》が左《ひだり》を向《む》き、右《みぎ》を踏《ふ》むと右《みぎ》を向《む》く。

H.アフト・アイルスタンド
航空管制官《こうくうかんせいかん》（→66ページ）などとのやり取《と》りに使《つか》う無線機器《むせんきき》や、客室乗務員《きゃくしつじょうむいん》などとのやり取《と》りに使《つか》うインターフォンなどがまとめられている。

もっと知《し》りたい

「コックピット（cockpit）」は、元々《もともと》は「闘鶏場《とうけいじょう》」という意味《いみ》。

02

飛《ひ》行《こう》機《き》はコンピューターが操《そう》縦《じゅう》しているの？

より安全《あんぜん》に飛《と》ぶために、現代《げんだい》の飛行《ひこう》機《き》はコンピューターの「飛行管理《ひこうかんり》システム（FMS）」によって自動操縦《じどうそうじゅう》できるようになっています。たとえば、飛《と》ぶ高《たか》さを一定《いってい》に保《たも》ったり、設定《せってい》した経路《けいろ》を自動《じどう》で飛《と》んだりできます。もちろん、緊急事態《きんきゅうじたい》が起《お》きたときにはパイロットが直接操縦《ちょくせつそうじゅう》します。

さて、左《ひだり》の写真《しゃしん》は、A380（↓88ページ）のコックピットです。前《まえ》のページのB787（↓76ページ）のコックピットとくらべてみると、座席《ざせき》の正《しょう》面《めん》に操縦桿《そうじゅうかん》がありませんね。

実《じつ》は、A380は座席《ざせき》の横《よこ》にある「サイドスティック」で操縦《そうじゅう》するようになっています。片手《かたて》で動《うご》かせるので、操縦桿《そうじゅうかん》を握《にぎ》るより楽《らく》です。このような小《ちい》さな装置《そうち》で操縦《そうじゅう》ができるのは、コンピューターの電気信号《でんきしんごう》によって飛《ひ》行機《こうき》の各部位《かくぶい》を動《うご》かしているからです。このしくみを「フライ・バイ・ワイヤ」といいます。

ディスプレイの役割《やくわり》

① 機体《きたい》の姿勢《しせい》、速度《そくど》、高度《こうど》などに関《かん》する情報《じょうほう》
② 運航路線《うんこうろせん》、風向《ふうこう》、風速《ふうそく》などに関《かん》する情報《じょうほう》
③ エンジン関連《かんれん》の情報《じょうほう》や警報《けいほう》
④ 無線機《むせんき》の情報《じょうほう》や速度情報《そくどじょうほう》、空港《くうこう》などに関《かん》する情報《じょうほう》
⑤ 油圧《ゆあつ》や電気《でんき》、空調《くうちょう》、扉《とびら》の開閉《かいへい》などの情報《じょうほう》
⑥ 航空路線図《こうくうろせんず》や整備関連《せいびかんれん》の情報《じょうほう》

A380のコックピット
オーバーヘッドパネル
①
②
③
②
①
⑥
⑥
④
⑤
④
A
B
A
ラダーペダル
C
フラップレバー
D
機長席《きちょうせき》
副操縦士席《ふくそうじゅうしせき》

写真提供《しゃしんていきょう》:AIRBU

A.サイドスティック
エレベーターやエルロン（→56ページ）を操作《そうさ》し、機首《きしゅ》を上下《じょうげ》に向《む》けたり、機体《きたい》を左右《さゆう》に傾《かたむ》けたりする。

B.折《お》りたたみ式《しき》キーボード
さまざまなシステム操作《そうさ》を行《おこな》う。操縦桿《そうじゅうかん》をなくしたので、この場所《ばしょ》に配置《はいち》できるようになった。

C.エンジンマスタースイッチ
エンジンをスタートさせるスイッチ。

D.スピードブレーキレバー
スポイラー（→62ページ）の制御《せいぎょ》をする。

もっと知《し》りたい

A380の操縦席《そうじゅうせき》のうしろには、もう2つ交代要員《こうたいよういん》のための座席《ざせき》がある。

03 機《き》体《たい》を空《くう》中《ちゅう》へもち上《あ》げるパワー「揚《よう》力《りょく》」

飛行機《ひこうき》は、どうして空《そら》へ飛《と》び上《あ》がることができるのでしょうか。

飛行機《ひこうき》の翼《つばさ》を真横《まよこ》から見《み》てみると、上面《じょうめん》が下面《かめん》よりふくらんで、後方《こうほう》がキュッとすぼまった「翼《よく》型《がた》」という形《かたち》をしています。この形《かたち》の翼《つばさ》の上《うえ》では空気《くうき》が速《はや》く流《なが》れ、下《した》は遅《おそ》く流《なが》れます。すると、翼《つばさ》の下《した》の空気《くうき》の圧力《あつりょく》が、上《うえ》の圧力《あつりょく》より高《たか》くなり、翼《つばさ》を上《うえ》へもち上《あ》げる力《ちから》がはたらきます。この力《ちから》を「揚《よう》

力《りょく》」と言《い》います。飛行機《ひこうき》は、この揚力《ようりょく》を利用《りよう》して飛《と》んでいるのです。

　離陸《りりく》した後《あと》は、エンジンによって前《まえ》に進《すす》む力《ちから》（推力《すいりょく》）を得《え》ながら、翼《つばさ》に風《かぜ》（空気《くうき》）を受《う》けつづけることで前《まえ》に向《む》かって飛《と》んでいます。翼《つばさ》に風《かぜ》が当《あ》たる角度《かくど》が大《おお》きいと、より大《おお》きな揚力《ようりょく》を得《え》られます。しかし、角度《かくど》を大《おお》きくしすぎると、墜落《ついらく》してしまう危険《きけん》もあります。

　揚力《ようりょく》は翼《つばさ》が大《おお》きければ大《おお》きいほどたくさん得《え》られます。でも、大《おお》きすぎると今度《こんど》は重《おも》くて飛《と》べなくなってしまいます。

揚力《ようりょく》が発生《はっせい》するしくみ

① 主翼《しゅよく》の上面《じょうめん》では空気《くうき》の流《なが》れが速《はや》く（圧力《あつりょく》が低《ひく》く）、下面《かめん》では空気《くうき》の流《なが》れが遅《おそ》い（圧力《あつりょく》が高《たか》い）。これにより、下《した》から上《うえ》に向《む》かって翼《つばさ》を押《お》し上《あ》げる揚力《ようりょく》が生《う》まれる。

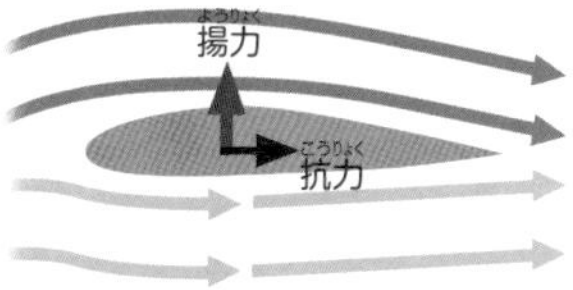

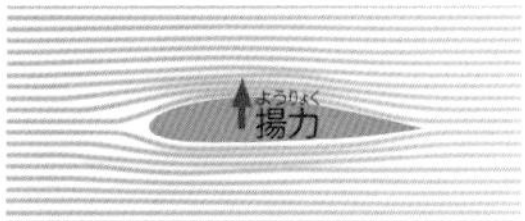

② 翼《つばさ》は、迎角《げいかく》（風《かぜ》に対《たい》する翼《つばさ》の傾《かたむ》き）が0度《ど》でも、揚力《ようりょく》が発生《はっせい》する。

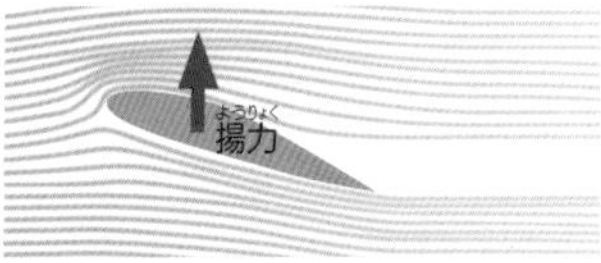

③ 迎角《げいかく》が大《おお》きくなるにしたがって、揚力《ようりょく》も大《おお》きくなる。

④ 迎角《げいかく》が大《おお》きくなりすぎると、揚力《ようりょく》を得《え》られなくなる。こうなると飛行機《ひこうき》は失《しっ》速《そく》し、墜落《ついらく》の危険《きけん》もある。

もっと知《し》りたい

F1マシンは、空気《くうき》の流《なが》れで車体《しゃたい》を地面《じめん》に押《お》しつけながら走《はし》る。飛行機《ひこうき》とは逆《ぎゃく》だ。

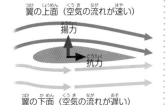

04 離陸《りりく》を助《たす》ける「スラット」「フラップ」「エレベーター」

飛行機《ひこうき》の主翼《しゅよく》には「スラット」と「フラップ」、水平尾翼《すいへいびよく》には「エレベーター」というパーツがついています。これらは、飛行機《ひこうき》が離陸《りりく》するときに大《おお》きな役割《やくわり》を果《は》たします。

飛行機《ひこうき》が飛《と》ぶために必要《ひつよう》な揚力《ようりょく》（↓52ページ）は、翼《つばさ》の面積《めんせき》が大《おお》きいほどたくさん得《え》られます。スラットとフラップを出《だ》すと、主翼《しゅよく》の面積《めんせき》が広《ひろ》がり、より大《おお》きな揚力《ようりょく》が発生《はっせい》して離陸《りりく》しやすくなるのです。

エレベーターが役立《やくだ》つのは、離陸《りりく》するまさにその瞬間《しゅんかん》です。滑走路《かっそうろ》を走《はし》る飛行機《ひこうき》が、飛《と》ぶのに十分《じゅうぶん》な速度《そくど》に達《たっ》したときに、エレベーターを上《あ》げます。すると、機尾《きび》を下《した》へ押《お》しつける力《ちから》が発《はっ》生《せい》し、反対《はんたい》に機首《きしゅ》が上《うえ》にもち上《あ》がります。そこに揚力《ようりょく》が加《くわ》わり、飛行機《ひこうき》は空《そら》に向《む》かって飛《と》び立《た》てるのです。

飛行機《ひこうき》が離陸《りりく》して、ある程度《ていど》の高《たか》さまで飛《と》ぶと、フラップとスラットは収《しゅう》納《のう》します。

飛行機《ひこうき》（旅客機《りょかっき》）の離陸《りりく》

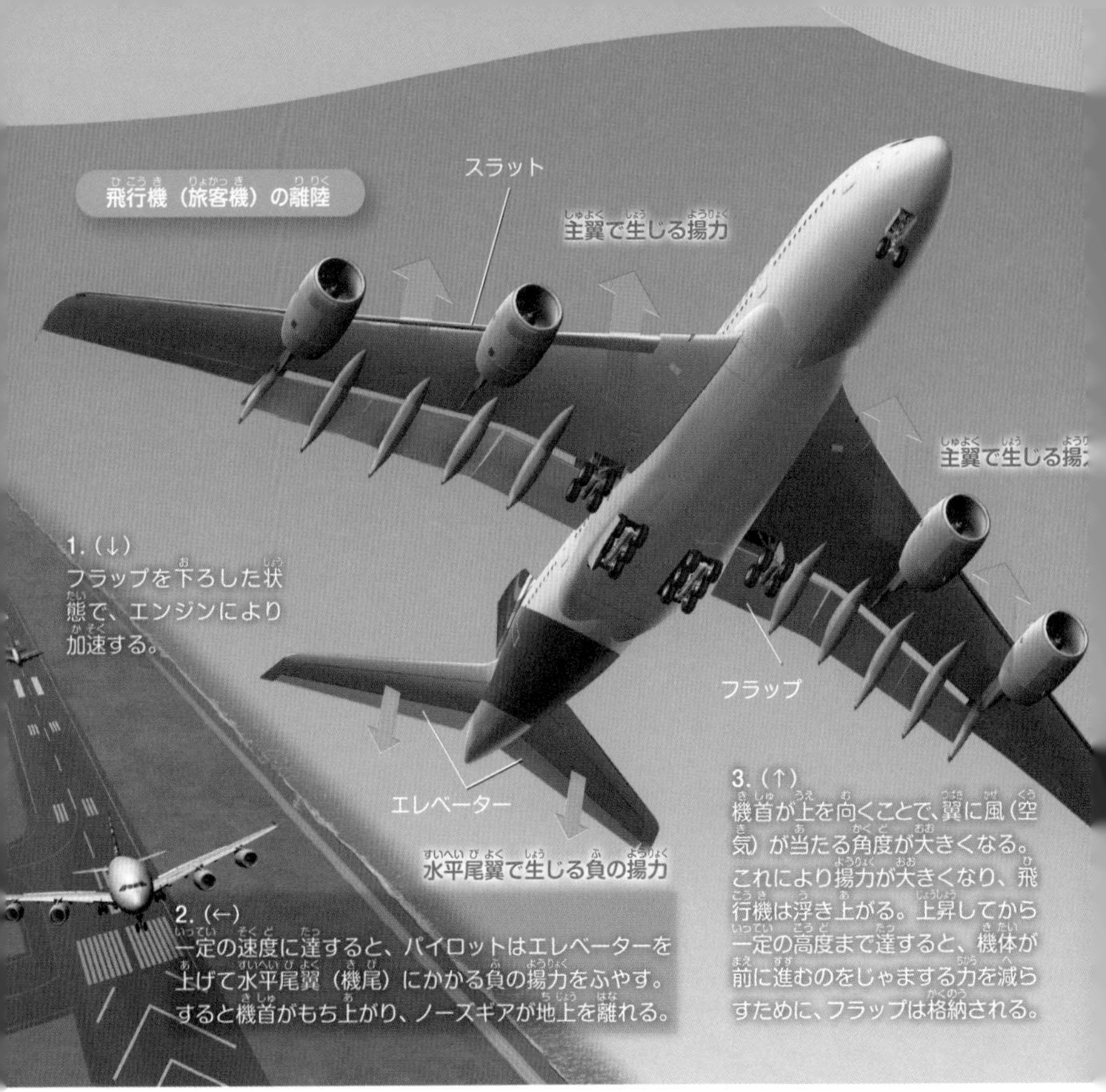
スラット
主翼《しゅよく》で生《しょう》じる揚力《ようりょく》
主翼《しゅよく》で生《しょう》じる揚
フラップ
エレベーター
水平尾翼《すいへいびよく》で生《しょう》じる負《ふ》の揚力《ようりょく》

1.（↓）
フラップを下《お》ろした状態《じょうたい》で、エンジンにより加速《かそく》する。

2.（←）
一定《いってい》の速度《そくど》に達《たっ》すると、パイロットはエレベーターを上《あ》げて水平尾翼《すいへいびよく》（機尾《きび》）にかかる負《ふ》の揚力《ようりょく》をふやす。すると機首《きしゅ》がもち上《あ》がり、ノーズギアが地上《ちじょう》を離《はな》れる。

3.（↑）
機首《きしゅ》が上《うえ》を向《む》くことで、翼《つばさ》に風《かぜ》（空《くう》気《き》）が当《あ》たる角度《かくど》が大《おお》きくなる。これにより揚力《ようりょく》が大《おお》きくなり、飛《ひ》行機《こうき》は浮《う》き上《あ》がる。上昇《じょうしょう》してから一定《いってい》の高度《こうど》まで達《たっ》すると、機体《きたい》が前《まえ》に進《すす》むのをじゃまする力《ちから》を減《へ》らすために、フラップは格納《かくのう》される。

離陸時《りりくじ》に翼《つばさ》で発生《はっせい》する揚力《ようりょく》

主翼《しゅよく》で生《しょう》じる揚力《ようりょく》
機体後部《きたいこうぶ》が下《さ》がる
AIRBUS A380
A380
機首《きしゅ》が上《あ》がる
水平尾翼《すいへいびよく》で生《しょう》じる負《ふ》の揚力《ようりょく》

エレベーターを上《あ》げると機体後部《きたいこうぶ》が下《さ》がるんだ

もっと知《し》りたい

野球《やきゅう》のピッチャーが投《な》げたストレートの軌道《きどう》が上《あ》がるのも、揚力《ようりょく》がはたらくため。

05 「動翼《どうよく》」のおかげで飛行機《ひこうき》は空中《くうちゅう》で姿勢《しせい》をかえられる

飛行機《ひこうき》を操縦《そうじゅう》するには、「ローリング（機体《きたい》の傾《かたむ》き）」、「ヨーイング（左右方向《さゆうほうこう》の動《うご》き）」、「ピッチング（上下方向《じょうげほうこう》の動《うご》き）」の3方向《ほうこう》の舵《かじ》をとる必要《ひつよう》があります。その役割《やくわり》を果《は》たすのが「動翼《どうよく》」です。動翼《どうよく》には、「エルロン」「ラダー」「エレベーター（→54ページ）」の3つがあります。

エルロンは、機体《きたい》の傾《かたむ》きを制御《せいぎょ》します。

ヨーイング
機体《きたい》の上下《じょうげ》を軸《じく》としたときの「左《ひだり》または右方向《みぎほうこう》に回転《かいてん》する動《うご》き」。
ピッチング
機体《きたい》の左右《さゆう》を軸《じく》としたときの「上《うえ》または下方《したほう》向《こう》に回転《かいてん》する動《うご》き」
ローリング
機体《きたい》の前後《ぜんご》を軸《じく》としたときの「左《ひだり》または右方向《みぎほうこう》に回転《かいてん》する動《うご》き」。
AIRBUS A380
A380
A
B
C

100kg
「てこの原理《げんり》」を使《つか》えばみんな力《ちから》もち！

ラダーは、機首《きしゅ》を左《ひだり》へ向《む》けたり右《みぎ》に向《む》けたりできます。

エレベーターは、機首《きしゅ》を上《うえ》に向《む》けたり下《した》に向《む》けたりします。

この3つの動翼《どうよく》を動《うご》かすことで、飛行機《ひこうき》の姿勢《しせい》を保《たも》ったり、進《すす》む方向《ほうこう》をかえたりできるのです。

飛行機《ひこうき》全体《ぜんたい》から見《み》れば小《ちい》さいパーツなのに、なぜこんなにすごい力《ちから》が出《だ》せるのでしょうか。

それは、動翼《どうよく》が機体《きたい》の中央《ちゅうおう》（重《じゅう》心《しん》）からはなれていて、小《ちい》さい力《ちから》でも大《おお》きな作用《さよう》を得《え》られる、てこの原理《げんり》がはたらくためです。

A. エルロン

エルロンを上《うえ》に向《む》けると、主翼《しゅよく》にかかる上向《うわむ》きの揚力《ようりょく》が小《ちい》さくなる。（右《みぎ》の翼《つばさ》）

エルロンを下《した》に向《む》けると、上向《うわむ》きの揚力《ようりょく》が大《おお》きくなる。（左《ひだり》の翼《つばさ》）

機体《きたい》は、左側《ひだりがわ》が浮《う》かび上《あ》がるように傾《かたむ》く。

B. ラダー

ラダーを右《みぎ》に向《む》けると、機体右側《きたいみぎがわ》から左側《ひだりがわ》への揚力《ようりょく》が大《おお》きくなる。

機体後部《きたいこうぶ》が左側《ひだりがわ》へ動《うご》き、機首《きしゅ》が右《みぎ》を向《む》く。

C. エレベーター

エレベーターを上《うえ》に向《む》けると、水平尾翼《すいへいびよく》にかかる下向《したむ》きの揚力《ようりょく》が大《おお》きくなる。

機体後部《きたいこうぶ》が下《さ》がり、機首《きしゅ》が上《あ》がる。

もっと知《し》りたい

ローリングは「横揺《よこゆ》れ」、ヨーイングは「偏揺《かたゆ》れ」、ピッチングは「縦揺《たてゆ》れ」とも言《い》う。

06 小《ちい》さくてもよくはたらく「尾翼《びよく》」の役割《やくわり》

飛行機《ひこうき》の「翼《つばさ》」と言《い》えば、まず大《おお》きな主翼《しゅよく》を思《おも》い浮《う》かべる人《ひと》が多《おお》いでしょう。それにくらべると目立《めだ》たないのが、機尾《きび》にある「垂直尾翼《すいちょくびよく》」と「水平《すいへい》尾翼《びよく》」です。しかし、これらも飛行機《ひこうき》が飛《と》ぶのにかかせない「翼《つばさ》」です。

たとえば、飛《と》んでいる飛行機《ひこうき》に右側《みぎがわ》から突風《とっぷう》が吹《ふ》いてきて、機首《きしゅ》が左《ひだり》を向《む》いてしまったとします。このとき、垂《すい》直尾翼《ちょくびよく》にあたる風《かぜ》（空気《くうき》）の角度《かくど》がかわることで、垂直尾翼《すいちょくびよく》には右側《みぎがわ》から左《ひだり》側《がわ》に向《む》けて揚力《ようりょく》（↓52ページ）が生《う》まれます。この結果《けっか》、機尾《きび》が左《ひだり》を向《む》き、反対《はんたい》に機首《きしゅ》は右《みぎ》を向《む》いて、姿勢《しせい》は元《もと》にもどります。

水平尾翼《すいへいびよく》も同《おな》じです。機体《きたい》が突然《とつぜん》大《おお》きく上《うえ》を向《む》いたり下《した》を向《む》いたりしても、水平尾翼《すいへいびよく》に揚力《ようりょく》が発生《はっせい》して、自然《しぜん》と機体《きたい》は元《もと》の姿勢《しせい》にもどります。

このしくみは、風見鶏《かざみどり》がつねに風上《かざかみ》を向《む》くのと同《おな》じなので、「風見安定《かざみあんてい》」とよばれています。

いろいろな形《かたち》の尾翼《びよく》

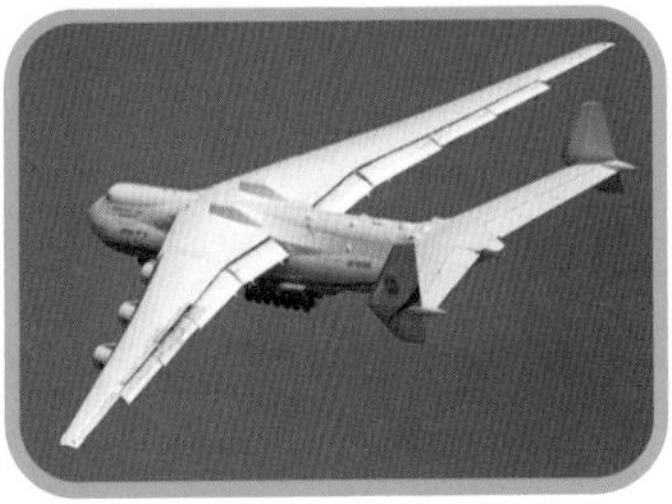

双尾翼《そうびよく》（An-225、アントノフ航空《こうくう》）
水平尾翼《すいへいびよく》の両端《りょうたん》に、2つの垂直尾翼《すいちょくびよく》がついている。An-225は宇宙船《うちゅうせん》を上《うえ》に載《の》せて運《はこ》べる飛行機《ひこうき》なので、このような形《かたち》になっている。

T字尾翼《じびよく》（MD-80、デルタ航空《こうくう》）
垂直尾翼《すいちょくびよく》の上部《じょうぶ》に水平尾翼《すいへいびよく》がある。リアエンジン機《き》（→28ページ）では、エンジンが機体《きたい》の後方《こうほう》についているため、水平尾翼《すいへいびよく》の位置《いち》をかえている。

KLM
KLM

通常型《つうじょうがた》（A330、KLMオランダ航空《こうくう》）
現代《げんだい》の大型旅客機《おおがたりょかっき》で、最《もっと》も一般的《いっぱんてき》な垂直尾翼《すいちょくびよく》と水平尾翼《すいへいびよく》の形《かたち》。

SAT

十字尾翼《しゅうじびよく》（SE-210カラベル、SATフラッグ）
垂直尾翼《すいちょくびよく》の中《なか》ほどに水平尾翼《すいへいびよく》が配置《はいち》されている。垂直尾《すいちょくび》翼《よく》のサイズや強度《きょうど》の問題《もんだい》でT字尾翼《じびよく》にできない場合《ばあい》に採《さい》用《よう》されている。

風見安定《かざみあんてい》

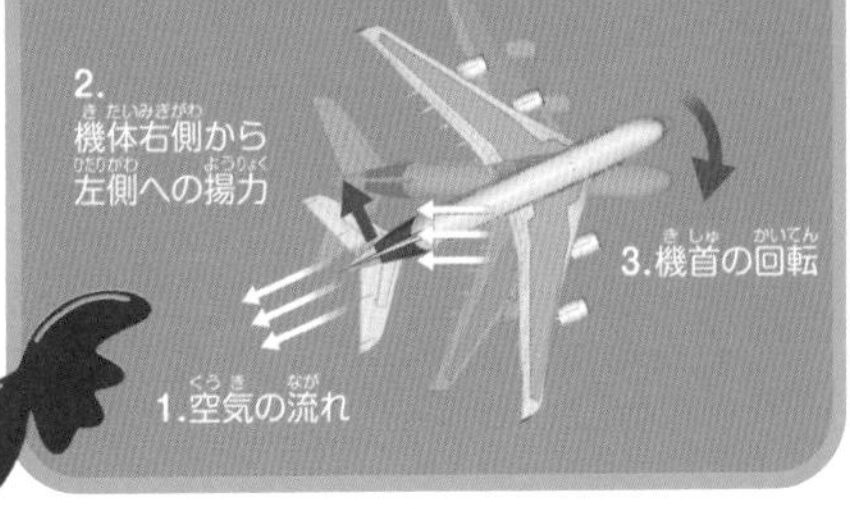
2.
機体右側《きたいみぎがわ》から
左側《ひだりがわ》への揚力《ようりょく》
3.機首《きしゅ》の回転《かいてん》
1.空気《くうき》の流《なが》れ

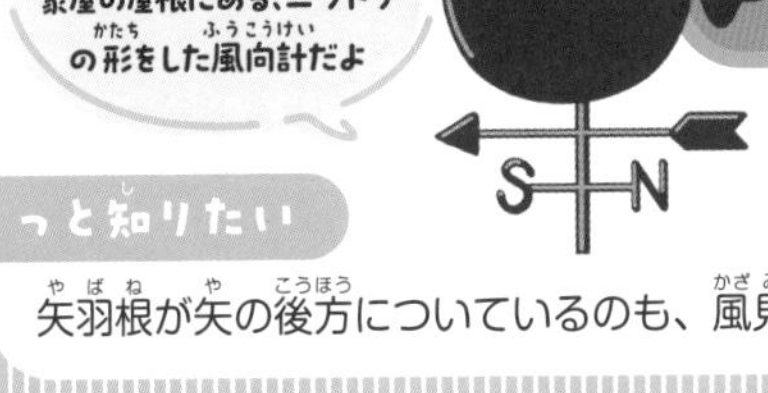
「風見鶏《かざみどり》」はヨーロッパの
家屋《かおく》の屋根《やね》にある、ニワトリ
の形《かたち》をした風向計《ふうこうけい》だよ
S
N

もっと知《し》りたい

矢羽根《やばね》が矢《や》の後方《こうほう》についているのも、風見安定《かざみあんてい》を得《え》てまっすぐ飛《と》ばせるため。

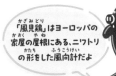

07

着陸《ちゃくりく》するときは地上《ちじょう》から電波《でんぱ》で誘導《ゆうどう》する

着陸《ちゃくりく》するときは、飛行管理《ひこうかんり》システム（→50ページ）によって自動《じどう》で行《おこな》われることもあります。ただし、自動操縦《じどうそうじゅう》する条件《じょうけん》が整《ととの》っていないなどの理由《りゆう》で、手動《しゅどう》で着陸《ちゃくりく》することもあります。その場合《ばあい》は、空港《くうこう》に設置《せっち》された「計器着陸装置《けいきちゃくりくそうち》（ILS）」から発信《はっしん》される電波《でんぱ》をたよりにします。

ILSは、「ローカライザ」、「グライドパス」、「マーカービーコ

マーカービーコンから発《はっ》せられた電波《でんぱ》
（滑走路《かっそうろ》までの距離《きょり》を知《し》らせる）
滑走路《かっそうろ》の端《はし》から7キロメートル地点《ちてん》にあるマーカービーコン
グライドパスから発《はっ》せられた電波《でんぱ》（着陸経路《ちゃくりくけいろ》に対《たい》して、上下方向《じょうげほうこう》のずれを知《し》らせる）
AIRBUS A380
A380

ILSによる旅客機《りょかっき》の着陸《ちゃくりく》

ン」の3つからなります。
ローカライザは、滑走路《かっそうろ》の中心線《ちゅうしんせん》からやや右側《みぎがわ》と、やや左側《ひだりがわ》へ、ことなる周波数《しゅうはすう》の電波《でんぱ》を発信《はっしん》します。この2つの電波《でんぱ》の受信強度《じゅしんきょうど》をくらべることで、滑走路《かっそうろ》の中心《ちゅうしん》に対《たい》して機体《きたい》がどれくらい左右《さゆう》にずれているかを知《し》らせてくれます。

グライドパスは、着陸経路《ちゃくりくけいろ》のやや上側《うわがわ》とやや下側《したがわ》へ電波《でんぱ》を発信《はっしん》して、機体《きたい》の上下《じょうげ》のずれを伝《つた》えます。マーカービーコンは、上空《じょうくう》に向《む》かって電波《でんぱ》を発信《はっしん》して、着陸地点《ちゃくりくちてん》までの距離《きょり》を知《し》らせます。

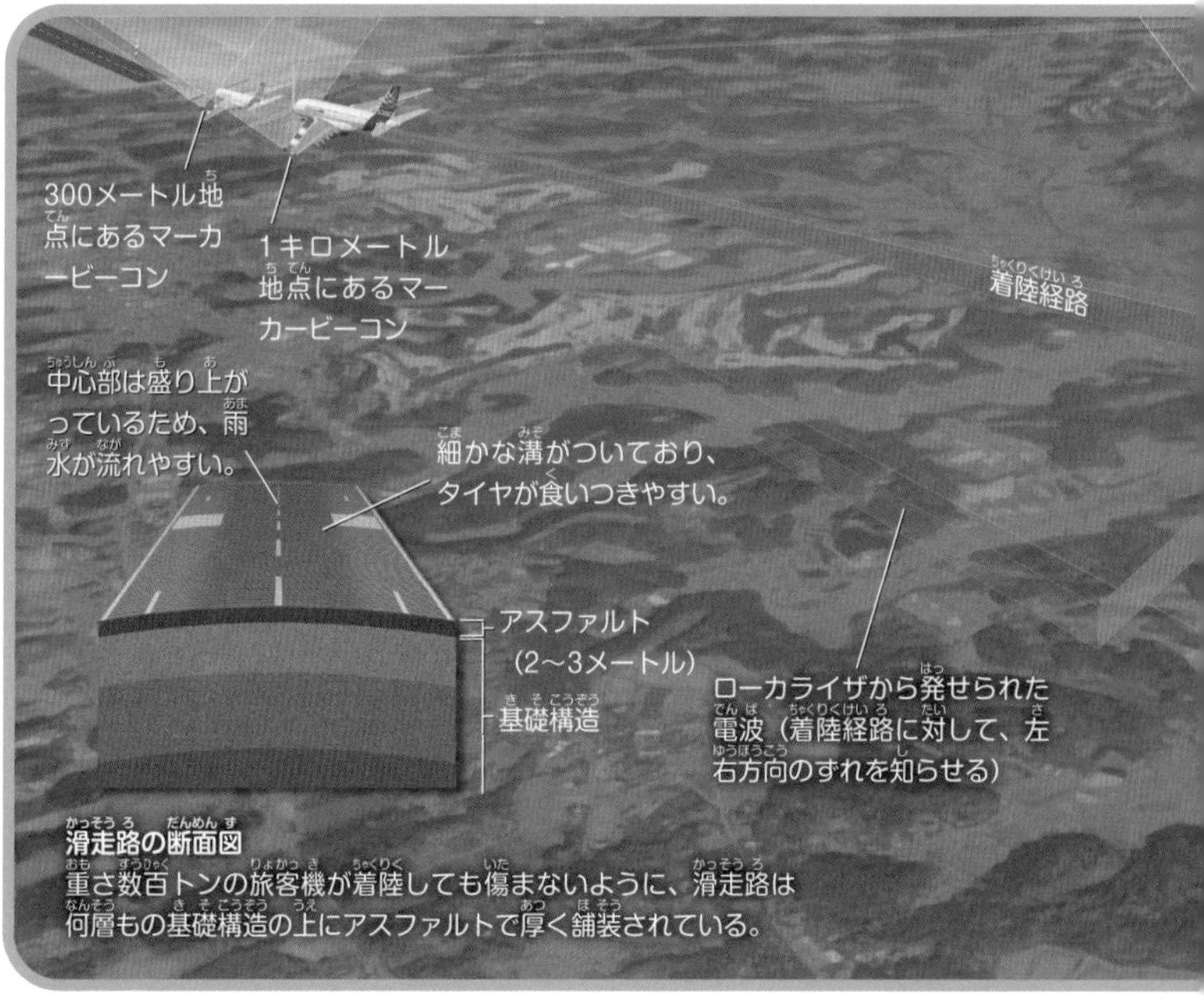
300メートル地《ち》点《てん》にあるマーカービーコン
1キロメートル地点《ちてん》にあるマーカービーコン
着陸経路《ちゃくりくけいろ》
中心部《ちゅうしんぶ》は盛《も》り上《あ》がっているため、雨《あま》水《みず》が流《なが》れやすい。
細《こま》かな溝《みぞ》がついており、タイヤが食《く》いつきやすい。
アスファルト
(2〜3メートル)
基礎構造《きそこうぞう》
ローカライザから発《はっ》せられた電波《でんぱ》（着陸経路《ちゃくりくけいろ》に対《たい》して、左《さ》右方向《ゆうほうこう》のずれを知《し》らせる）

滑走路《かっそうろ》の断面図《だんめんず》
重《おも》さ数百《すうひゃく》トンの旅客機《りょかくき》が着陸《ちゃくりく》しても傷《いた》まないように、滑走路《かっそうろ》は何層《なんそう》もの基礎構造《きそこうぞう》の上《うえ》にアスファルトで厚《あつ》く舗装《ほそう》されている。

もっと知《し》りたい
飛行機《ひこうき》の離着陸時《りちゃくりくじ》に、滑走路《かっそうろ》に鳥《とり》がいる場合《ばあい》は、大《おお》きな音《おと》を出《だ》すなどして追《お》い払《はら》う。

08

ブレーキをかけるときもエンジン全開《ぜんかい》!?

着陸態勢《ちゃくりくたいせい》に入《はい》った飛行機《ひこうき》は、エンジンの出力《しゅつりょく》を下《さ》げることでどんどん高度《こうど》を下《さ》げます。このとき、機体《きたい》が降《お》りていく角度《かくど》は、わずか3度《ど》ほどです。そして、少《すこ》しずつフラップ（↓54ページ）を下《さ》げて減速《げんそく》していきます。

さて、飛行機《ひこうき》に乗《の》ったら、着陸《ちゃくりく》するときに耳《みみ》をすませてみてください。エンジン音《おん》が急《きゅう》に大《おお》きくなることに気《き》がつくはずです。着陸《ちゃくりく》するなら、エンジンを止《と》めて減速《げんそく》しそうなものなのに、なぜでしょうか。

それは、エンジンで「逆噴射《ぎゃくふんしゃ》」をしているからです。ターボファンエンジン（↓26ページ）は、側面《そくめん》についた「カウル」を開《ひら》くと、取《と》り込《こ》んだ空気《くうき》の一《いち》部《ぶ》が抜《ぬ》けるようになっています。すると、機体《きたい》が前《まえ》に進《すす》む力《ちから》をじゃまする力《ちから》（抗力《こうりょく》）がはたらきます。

同時《どうじ》に、主翼《しゅよく》についた「スポイラー」で空気抵抗《くうきていこう》を大《おお》きくし、タイヤについたブレーキをかけて減速《げんそく》します。

飛行機《ひこうき》（旅客機《りょかっき》）の着陸《ちゃくりく》

1 着陸直前《ちゃくりくちょくぜん》の飛行機《ひこうき》。

2 機体《きたい》が地面《じめん》に着《つ》くと、すみやかにスポイラー（→62ページ）が立《た》ち上《あ》がる。

3 エンジンで逆噴射《ぎゃくふんしゃ》する。

逆噴射《ぎゃくふんしゃ》と言《い》っても
空気《くうき》を「逆《ぎゃく》」に送《おく》る
わけではないよ

カウルを開《ひら》き、エンジンを包《つつ》むように流《なが》れる空気《くうき》をドアでせきとめて斜《なな》め前方《ぜんぽう》へ送《おく》ることで、飛行機《ひこうき》が進《すす》む力《ちから》をじゃまする力《ちから》を生《う》みだす。逆噴射中《ぎゃくふんしゃちゅう》も、エンジンの中心《ちゅうしん》を通《とお》った空気《くうき》は後方《こうほう》に排出《はいしゅつ》される。

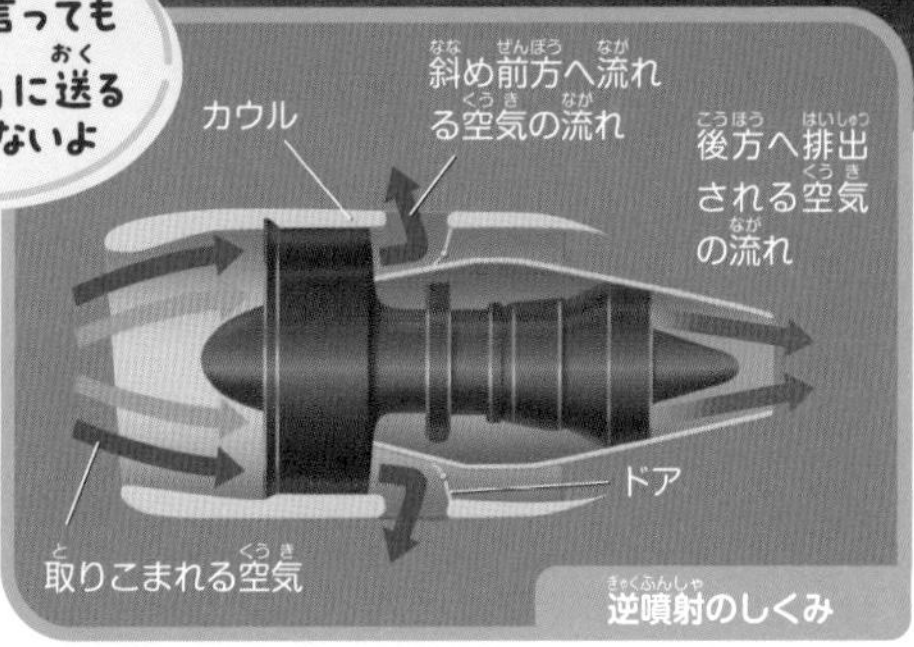
カウル
斜《なな》め前方《ぜんぽう》へ流《なが》れる空気《くうき》の流《なが》れ
後方《こうほう》へ排出《はいしゅつ》される空気《くうき》の流《なが》れ
ドア
取《と》りこまれる空気《くうき》

逆噴射《ぎゃくふんしゃ》のしくみ

もっと知《し》りたい

ターボプロップ機《き》は、プロペラの角度《かくど》をかえて空気《くうき》を前《まえ》に送《おく》ることで減速《げんそく》する。

09

「航空灯火《こうくうとうか》」があるから暗《くら》くても着陸《ちゃくりく》できる

飛行機《ひこうき》などの航空機《こうくうき》が飛《と》ぶのを、ライトを光《ひか》らせて助《たす》ける設備《せつび》を「航空灯火《こうくうとうか》」とよびます。航空灯火《こうくうとうか》は、大《おお》きくわけて2つの種類《しゅるい》があります。

1つは、空港《くうこう》や飛行場《ひこうじょう》で、滑走路《かっそうろ》や誘導路《ゆうどうろ》、駐機場《ちゅうきじょう》などをイルミネーションのように照《て》らしている「飛行場灯火《ひこうじょうとうか》」で、離着陸《りちゃくりく》する飛行機《ひこうき》に、滑走路《かっそうろ》の形《かたち》などを知《し》らせます。滑走路《かっそうろ》の中心《ちゅうしん》は「白色《しろいろ》」、

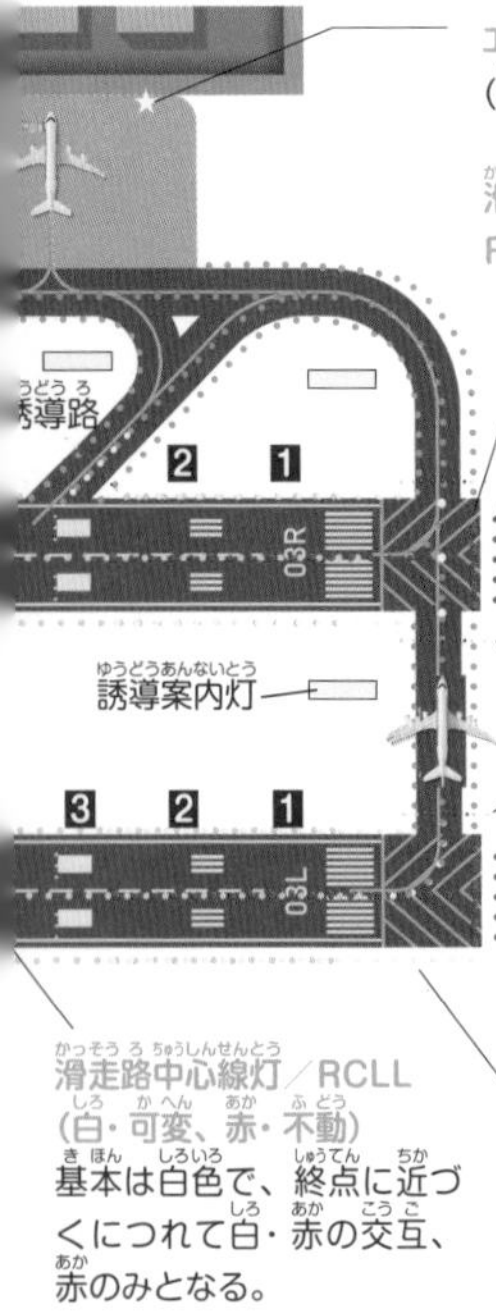

エプロン照明灯《しょうめいとう》
(航空灯火《こうくうとうか》には分類《ぶんるい》されない)

滑走路末端灯《かっそうろまったんとう》／
RTHL（赤《あか》）

過走帯灯《かそうたいとう》／ORL（赤《あか》）
滑走路《かっそうろ》の終点《しゅうてん》を示《しめ》す
(以降《いこう》は最終進入区域《さいしゅうしんにゅうくいき》)。

航空障害灯《こうくうしょうがいとう》

進入灯台《しんにゅうとうだい》／ALB
(白《しろ》・閃光《せんこう》)
最終進入区域内《さいしゅうしんにゅうくいきない》の場所《ばしょ》(入口《いりぐち》) を示《しめ》す。

滑走路警戒灯《かっそうろけいかいとう》／RGL
(黄《き》・明滅《めいめつ》)
滑走路《かっそうろ》に入《はい》る前《まえ》に、一時停止《いちじていし》すべき位置《いち》を示《しめ》す。赤《あか》いライトは「停止線灯《ていしせんとう》／STBL」。

滑走路《かっそうろ》
＊標準式進入灯《ひょうじゅんしきしんにゅうとう》、連鎖式閃光灯《れんさしきせんこうとう》、
進入灯台《しんにゅうとうだい》は省略《しょうりゃく》している。

滑走路中心線灯《かっそうろちゅうしんせんとう》／RCLL
(白《しろ》・可変《かへん》、赤《あか》・不動《ふどう》)
基本《きほん》は白色《しろいろ》で、終点《しゅうてん》に近《ちか》づくにつれて白《しろ》・赤《あか》の交互《こうご》、赤《あか》のみとなる。

滑走路灯《かっそうろとう》／REDL
(白《しろ》・可変《かへん》、黄《き》・不動《ふどう》)
60メートル間隔《かんかく》で設置《せっち》される白色《しろいろ》の灯火《とうか》で、滑走路《かっそうろ》の“縁《ふち》”を示《しめ》す。終点近《しゅうてんちか》くは黄色《きいろ》。

飛行場灯台《ひこうじょうとうだい》／ABN
(白《しろ》と緑《みどり》・閃光《せんこう》)
空港《くうこう》や飛行場《ひこうじょう》の位置《いち》を示《しめ》す。

滑走路《かっそうろ》につながる誘導路《ゆうどうろ》の中心《ちゅうしん》は「緑色《みどりいろ》」、両端《りょうたん》は「青色《あおいろ》」に光《ひか》ります。飛行機《ひこうき》が止《と》まらなくてはならない位置《いち》では「赤色《あかいろ》」に光《ひか》ります。「進入角指示灯《しんにゅうかくしじとう》」は、飛行機《ひこうき》が滑走路《かっそうろ》に進《すす》む角度《かくど》を知《し》らせる4つのライトで、正《ただ》しい角度《かくど》のときは、上《うえ》から「白白赤赤《しろしろあかあか》」に見《み》えるようになっています。

もう1つは「航空障害灯《こうくうしょうがいとう》」です。地表《ちひょう》または水面《すいめん》から60メートル以上《いじょう》の高《たか》さがある建物《たてもの》などに設置《せっち》されていて、空港《くうこう》や飛行場《ひこうじょう》だけでなく街中《まちなか》でも見《み》かけます。

空港《くうこう》や飛行場《ひこうじょう》に設置《せっち》された主《おも》な航空灯火《こうくうとうか》

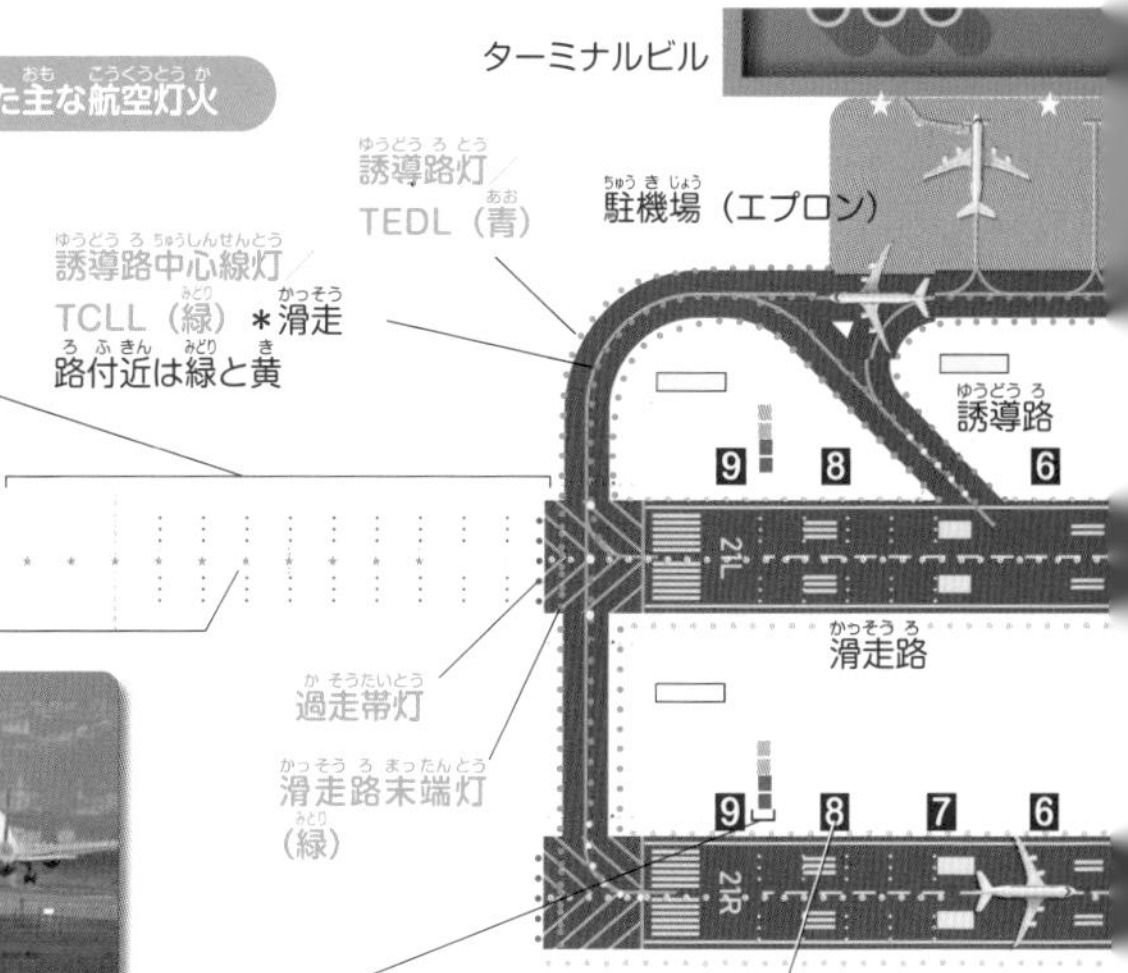
ターミナルビル
誘導路灯《ゆうどうろとう》／TEDL（青《あお》）
駐機場《ちゅうきじょう》（エプロン）
標準式進入灯《ひょうじゅんしきしんにゅうとう》／PALS（白《しろ》・可変《かへん》と閃光《せんこう》、赤《あか》・不動《ふどう》）滑走路《かっそうろ》への最終進入《さいしゅうしんにゅう》経路《けいろ》を示《しめ》す。
誘導路中心線灯《ゆうどうろちゅうしんせんとう》／TCLL（緑《みどり》）＊滑走路《かっそうろ》付近《ふきん》は緑《みどり》と黄《き》
誘導路《ゆうどうろ》
連鎖式閃光灯《れんさしきせんこうとう》／SFL（白《しろ》・閃光《せんこう》）最終進入経路《さいしゅうしんにゅうけいろ》を見《み》やすくする。
9
8
6
滑走路《かっそうろ》
過走帯灯《かそうたいとう》
滑走路末端灯《かっそうろまったんとう》（緑《みどり》）
9
8
7
6
21R

8
9
RDMLとPAPIライト

進入角指示灯《しんにゅうかくしじとう》／PAPI（白《しろ》と赤《あか》）
飛行機《ひこうき》の進入角《しんにゅうかく》をパイロットに知《し》らせる。見《み》る高《たか》さによって白《しろ》（高《たか》い）から赤《あか》（低《ひく》い）にかわるライトが4つ並《なら》んでおり、「白白赤赤《しろしろあかあか》」に見《み》えるときは、正《ただ》しい進入角《しんにゅうかく》になっている。

滑走路距離灯《かっそうろきょりとう》／RDML（白《しろ》）
滑走路《かっそうろ》の終点《しゅうてん》までの距離《きょり》を数字《すうじ》で示《しめ》す。

もっと知《し》りたい

飛行場灯火《ひこうじょうとうか》は、昼夜《ちゅうや》や天気《てんき》によって光《ひかり》の強《つよ》さをかえている。

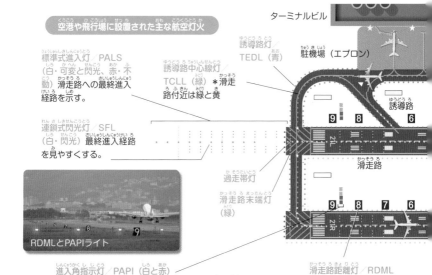

10 空《そら》の交通整理《こうつうせいり》をする司令塔《しれいとう》「航空管制《こうくうかんせい》」

今《いま》、この瞬間《しゅんかん》、世界《せかい》ではおよそ1万《まん》機《き》以上《いじょう》もの飛行機《ひこうき》が空《そら》を飛《と》んでいます。空《そら》がいくら広《ひろ》いと言《い》っても、それぞれの飛行機《ひこうき》が好《す》き勝手《かって》に飛《と》んでしまっては、あぶないですね。そこで、空《そら》の交通整理《こうつうせいり》を行《おこな》うのが「航空管制《こうくうかんせい》」です。すべての飛行機《ひこうき》は、航空管制官《こうくうかんせいかん》の指示《しじ》に従《したが》って飛《と》ぶことになっています。

空港《くうこう》によって正確《せいかく》な範囲《はんい》はことなりますが、空港《くうこう》から半径約《はんけいやく》9キロメートル、高度約《こうどやく》９００メートルの「管制圏《かんせいけん》」では「飛行場管制《ひこうじょうかんせい》」が、そこから先《さき》の半径約《はんけいやく》１００キロメートルの「進入管制区《しんにゅうかんせいく》」では「ターミナルレーダー管制《かんせい》」が飛行機《ひこうき》のコントロールを行《おこな》います。この2つは、飛行場《ひこうじょう》の「管制塔《かんせいとう》」にいる航空管制官《こうくうかんせいかん》が担当《たんとう》します。

飛行機《ひこうき》が進入管制区《しんにゅうかんせいく》を出《で》ると、今度《こんど》は「航空路管制《こうくうろかんせい》」によるコントロールが行《おこな》われます。担当《たんとう》するのは、「航空交通管制部《こうくうこうつうかんせいぶ》（ＡＣＣ）」や「航空交通管理《こうくうこうつうかんり》センター（ＡＴＭＣ）」です。

飛行機《ひこうき》の主《おも》な空域《くういき》と担当《たんとう》する管制《かんせい》

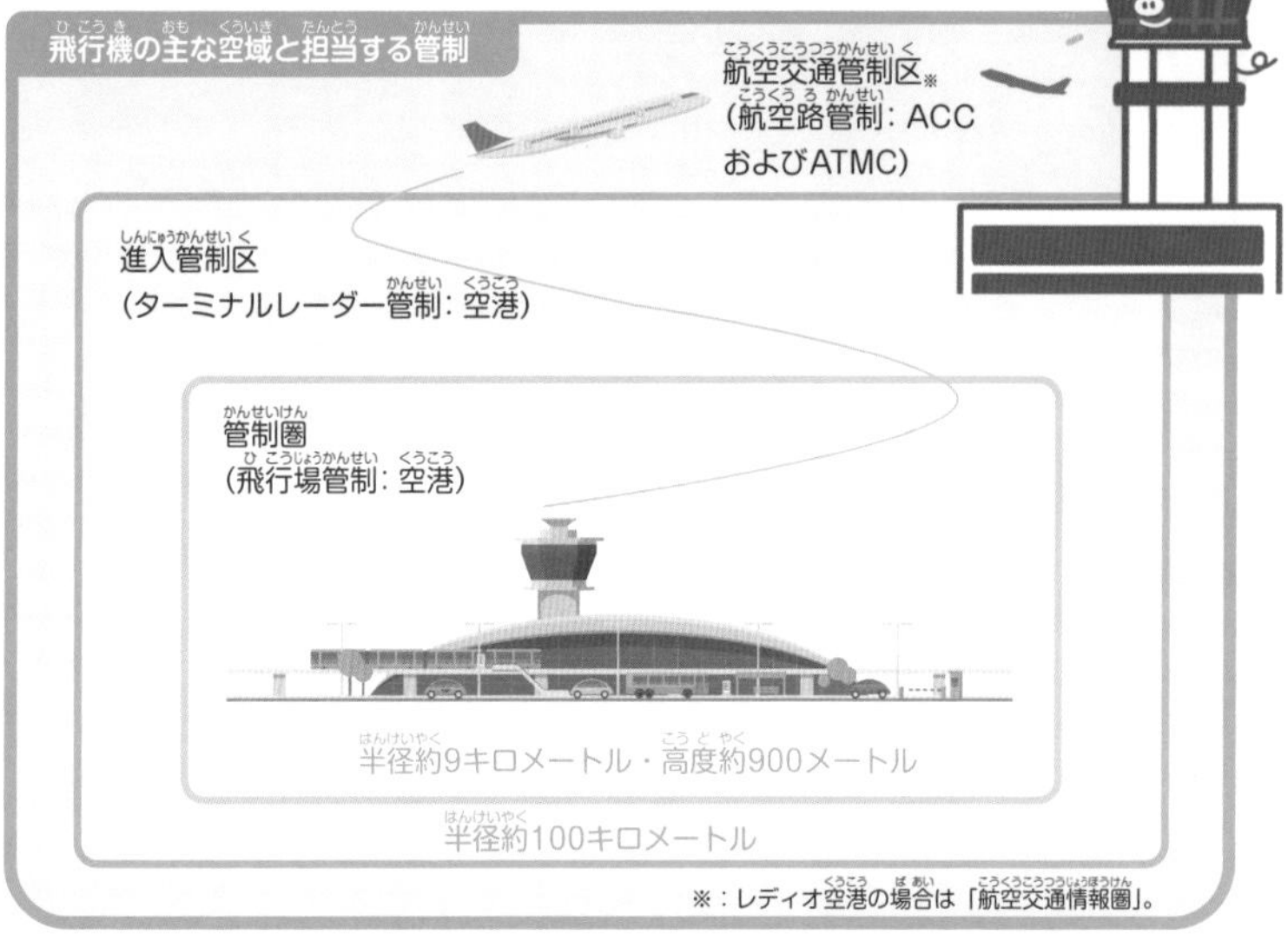

航空交通管制区《こうくうこうつうかんせいく》※
（航空路管制《こうくうろかんせい》：ACC
およびATMC）
進入管制区《しんにゅうかんせいく》
（ターミナルレーダー管制《かんせい》：空港《くうこう》）
管制圏《かんせいけん》
（飛行場管制《ひこうじょうかんせい》：空港《くうこう》）
半径約《はんけいやく》9キロメートル・高度約《こうどやく》900メートル
半径約《はんけいやく》100キロメートル

※：レディオ空港《くうこう》の場合《ばあい》は「航空交通情報圏《こうくうこうつうじょうほうけん》」。

管制塔《かんせいとう》の360度《ど》ガラス張《ば》りの管制室《かんせいしつ》（VFRルーム）で、航空管制官《こうくうかんせいかん》が「飛行場管制《ひこうじょうかんせい》」を行《おこな》う。航空管制官《こうくうかんせいかん》が管制《かんせい》する機能《きのう》をもつ空港《くうこう》を「タワー空港《くうこう》」とよぶ。これに対《たい》し、航空管制官《こうくうかんせいかん》のいない空港《くうこう》や、航空管制運航情報官《こうくうかんせいうんこうじょうほうかん》（周辺《しゅうへん》の空《そら》の気象《きしょう》や交通情報《こうつうじょうほう》を伝《つた》える仕事《しごと》）だけがいる空港《くうこう》は「レディオ空港《くうこう》」とよばれる。

管制塔《かんせいとう》

日本《にほん》の空域《くういき》

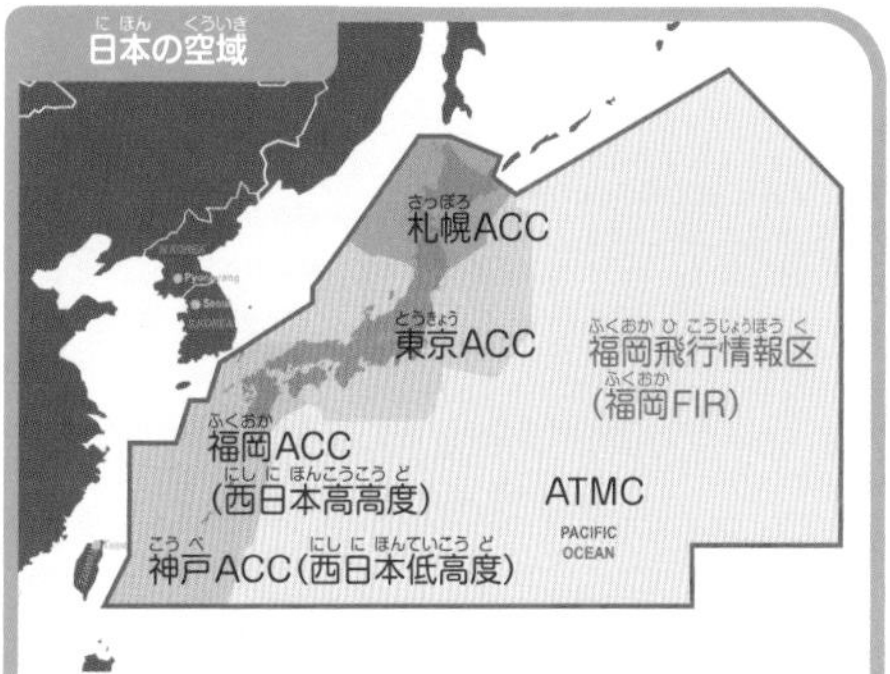

札幌《さっぽろ》ACC
東京《とうきょう》ACC
福岡飛行情報区《ふくおかひこうじょうほうく》
（福岡《ふくおか》FIR）
福岡《ふくおか》ACC
（西日本高高度《にしにほんこうこうど》）
ATMC
PACIFIC OCEAN
神戸《こうべ》ACC（西日本低高度《にしにほんていこうど》）

＊図《ず》は2022年《ねん》4月以降《がついこう》。2025年《ねん》には、さらなる再編《さいへん》が行《おこな》われる。

もっと知《し》りたい

レディオ空港《くうこう》は管制塔《かんせいとう》がないことが多《おお》いので「ノンタワー空港《くうこう》」ともよばれる。

やすみじかん

フライトレコーダで事故《じこ》の原因《げんいん》を探《さぐ》る

飛行機《ひこうき》はめったに事故《じこ》が起《お》こらない安全《あんぜん》な乗《の》り物《もの》です。とはいえ、万《まん》が一墜落《いちついらく》してしまった場合《ばあい》は、原因《げんいん》を究明《きゅうめい》し、二度《にど》と同《おな》じ事故《じこ》が起《お》きないようにしなければなりません。そこで役《やく》に立《た》つのが「フライトレコーダ」です。

フライトレコーダは、飛行中《ひこうちゅう》の飛行機《ひこうき》に関《かん》するさまざまな情報《じょうほう》を記録《きろく》する装置《そうち》です。飛《ひ》行高度《こうこうど》や速度《そくど》、エンジンの状態《じょうたい》、機体《きたい》の位置《いち》や姿勢《しせい》といったデータを記録《きろく》する「フライトデータレコーダ」と、コックピットでパイロットたちが交《か》わしていた会話《かいわ》や音《おと》を記録《きろく》する「コックピットボイスレコーダ」の2つからなります。

フライトレコーダは、別名《べつめい》“ブラックボックス”ともよばれていますが、実際《じっさい》は、どのような環境《かんきょう》でも発見《はっけん》されやすいように目立《めだ》つオレンジ色《いろ》をしています。本体《ほんたい》は、墜落《ついらく》した衝撃《しょうげき》や高温《こうおん》、海底《かいてい》に沈《しず》んだときの水圧《すいあつ》などに耐《た》えられるように、とてもがんじょうなつくりになっています。また、水中《すいちゅう》に沈《しず》んだ場合《ばあい》に、自動的《じどうてき》に超音波信号《ちょうおんぱしんごう》を発《はっ》して位置《いち》を知《し》らせる「アンダーウォーターロケータービーコン」が取《と》りつけられています。

フライトレコーダ(イメージ)

11 空港《くうこう》に着《つ》いたらすぐに次《つぎ》のフライトの準備《じゅんび》がはじまる！

フライトを終《お》えた飛行機《ひこうき》が駐機場《ちゅうきじょう》に到着《とうちゃく》すると、まず機体《きたい》に「ボーディングブリッジ」などが横《よこ》づけされ、乗客《じょうきゃく》が降《お》ります。地上《ちじょう》では、貨物室《かもつしつ》のコンテナや荷物《にもつ》が運《はこ》び出《だ》されます。

そして、安全《あんぜん》なフライトに欠《か》かせない各種《かくしゅ》の整備《せいび》や点検《てんけん》が行《おこな》われます。航《こう》空整備士《くうせいびし》だけでなく、機長《きちょう》みずからが自分《じぶん》の目《め》で見《み》て、機体《きたい》に異常《いじょう》はないか、タイヤがすり減《へ》っていないかなどをチェックします。異常《いじょう》があった場合《ばあい》は、次《つぎ》の離陸時間《りりくじかん》までに修理《しゅうり》します。

ほかにも、燃料《ねんりょう》の補給《ほきゅう》、機内《きない》の掃除《そうじ》、機内食《きないしょく》や備品《びひん》の積《つ》み下《お》ろしなど、やることは盛《も》りだくさん。これだけの作業《さぎょう》を、国内線《こくないせん》は45～60分《ふん》、国際線《こくさいせん》は約《やく》2時間《じかん》の間《あいだ》に終《お》えなくてはなりません。

現代《げんだい》の飛行機《ひこうき》は、飛行中《ひこうちゅう》に機体《きたい》の状態《じょうたい》を空港《くうこう》に送信《そうしん》できるようになっています。これにより、飛行機《ひこうき》が空港《くうこう》に到着《とうちゃく》する前《まえ》から整備《せいび》の準備《じゅんび》をしておくことができるのです。

トーイングカー
(→73ページ)

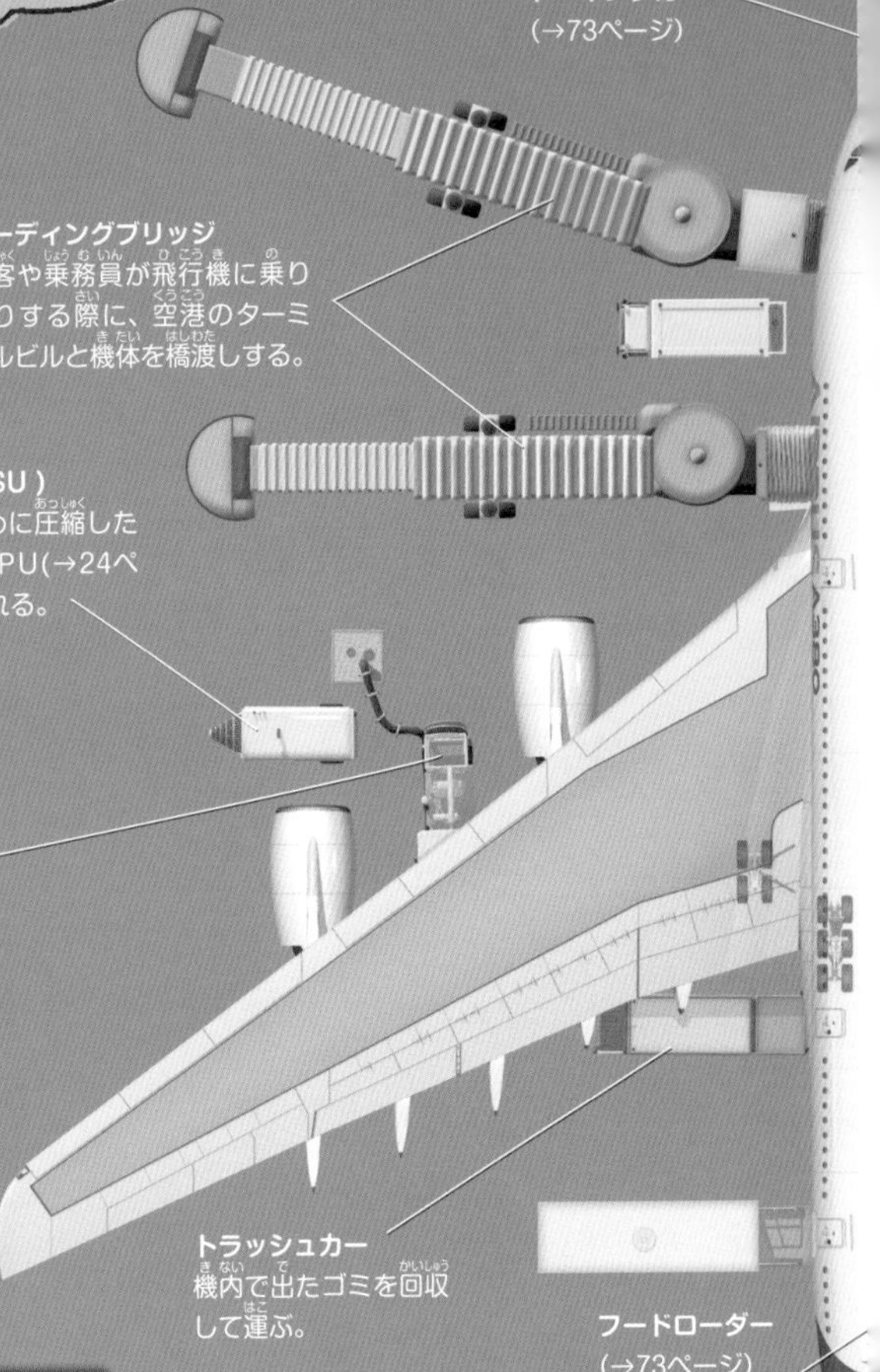

ボーディングブリッジ
乗客《じょうきゃく》や乗務員《じょうむいん》が飛行機《ひこうき》に乗《の》り降《お》りする際《さい》に、空港《くうこう》のターミナルビルと機体《きたい》を橋渡《はしわた》しする。

エア・スタート・ユニット(ASU)
エンジンをスタートさせるために圧縮《あっしゅく》した空気《くうき》を送《おく》る装置《そうち》。機体後部《きたいこうぶ》のAPU(→24ページ)を使用《しよう》しない場合《ばあい》に使《つか》われる。

給油車《きゅうゆしゃ》
(レフューラー／サービサー)
飛行機《ひこうき》に燃料《ねんりょう》を給油《きゅうゆ》する。燃料《ねんりょう》タンクがついた「レフューラー」と、ついていない「サービサー」がある。サービサーは、別《べつ》の場所《ばしょ》にある燃料《ねんりょう》タンクとつながっている地下《ちか》の配管《はいかん》から燃料《ねんりょう》を供給《きょうきゅう》する。

トラッシュカー
機内《きない》で出《で》たゴミを回収《かいしゅう》して運《はこ》ぶ。

フードローダー
(→73ページ)

ランプバス
はなれた場所《ばしょ》に止《と》めた飛行機《ひこうき》から、乗客《じょうきゃく》をターミナルビルへと運《はこ》んだり、飛行機《ひこうき》へ運《はこ》んだりする。

給水車《きゅうすいしゃ》（ウォーターカー）
機内《きない》で使《つか》う水《みず》を供給《きょうきゅう》する。

もっと知《し》りたい

JALやANAの国際線《こくさいせん》が1回《かい》のフライトで積《つ》む水《みず》は1.2トンにもなる。

12 フライトの安全《あんぜん》を支《ささ》える整備《せいび》のおしごと

毎日《まいにち》の整備《せいび》とは別《べつ》に、A～Dの4種類《しゅるい》の整備《せいび》が行《おこな》われることもあります。

「A整備《せいび》」は、300～500時間《じかん》のフライト、または約《やく》1か月《げつ》ごとに行《おこな》われます。6～8時間《じかん》かけて、エンジンやブレーキなどをチェックします。

「B整備《せいび》」は、A整備《せいび》よりさらに細《こま》かい点検《てんけん》をします。航空会社《こうくうがいしゃ》や機種《きしゅ》によってちがいますが、約《やく》1000時《じ》間《かん》のフライトごとに行《おこな》われます。

「C整備《せいび》」は、4000～6000時間《じかん》のフライト、または1～2年《ねん》おきにする整備《せいび》です。機体《きたい》の各《かく》パーツが取《と》り外《はず》され、エンジンや油圧《ゆあつ》・電気系統《でんきけいとう》の検査《けんさ》などが行《おこな》われます。

「D整備《せいび》」は最《もっと》も入念《にゅうねん》な整備《せいび》で、4～5年《ねん》に1回《かい》、なんと50～100人《にん》で約《やく》1か月間《げつかん》もかけて行《おこな》われます。ここでは骨組《ほねぐ》みがむき出《だ》しになるまで分《ぶん》解《かい》され、塗装《とそう》も塗《ぬ》り直《なお》されます。

D整備《せいび》を終《お》えた飛行機《ひこうき》は、新品同《しんぴんどう》様《よう》のピカピカの状態《じょうたい》になります。

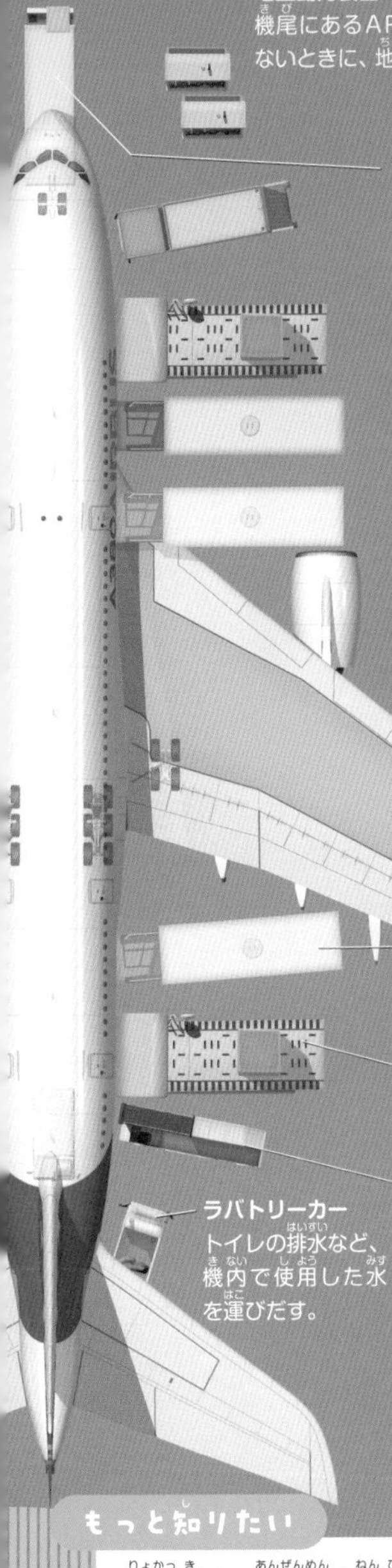

地上動力装置《ちじょうどうりょくそうち》（GPU）
機尾《きび》にあるAPU（→24ページ）を使用《しよう》しないときに、地上《ちじょう》から電気《でんき》を供給《きょうきゅう》する装置《そうち》。

トーイングカー
（トーイングトラクタ）
機体《きたい》を押《お》してバックさせ、駐機場《ちゅうきじょう》から出《だ》す車《くるま》。

整備《せいび》を受《う》ける旅客機《りょかっき》

給油車《きゅうゆしゃ》
（→71ページ）

トーイングトラクタ（タグ車《しゃ》）
機体《きたい》から降《お》ろしたコンテナや荷物《にもつ》を、「ドーリー」とよばれる台車《だいしゃ》に乗《の》せて運《はこ》ぶ。

フードローダー
機内食《きないしょく》や備品《びひん》などを運《はこ》ぶ。荷室《にしつ》部分《ぶぶん》を丸《まる》ごともち上《あ》げることで、機内《きない》に荷物《にもつ》を運《はこ》びやすくする。

ラバトリーカー
トイレの排水《はいすい》など、機内《きない》で使用《しよう》した水《みず》を運《はこ》びだす。

ベルトローダー
上部《じょうぶ》についたベルトコンベアで、バラ積《づ》みの荷物《にもつ》を運《はこ》びだしたり運《はこ》びこんだりする。

ハイリフトローダー
貨物《かもつ》やコンテナを飛行機《ひこうき》の貨物室《かもつしつ》から運《はこ》びだしたり、運《はこ》びこんだりする。上《じょう》部《ぶ》がエレベーターのように上下《じょうげ》する。

もっと知《し》りたい
旅客機《りょかっき》は、安全面《あんぜんめん》や燃費《ねんぴ》などの問題《もんだい》から、自力《じりき》でのバックは禁止《きんし》されている。

やすみじかん

役目《やくめ》を終《お》えた飛行機《ひこうき》は……

　役目《やくめ》を終《お》え、乗《の》られなくなった飛行機《ひこうき》は、世界《せかい》に何《なん》か所《しょ》かある「飛行機《ひこうき》の墓場《はかば》」とよばれる場所《ばしょ》に送《おく》られ、留《と》め置《お》かれます。

　「墓場《はかば》」と言《い》っても、この飛行機《ひこうき》たちは死《し》んでしまったわけではありません。まだ乗《の》れる機体《きたい》は別《べつ》の航空会社《こうくうがいしゃ》に買《か》い取《と》られることもありますし、分解《ぶんかい》されて、新《あたら》しい機体《きたい》のパーツとしてよみがえることもあります。

アメリカのアリゾナ州《しゅう》にある「デビスモンサン空軍基地《くうぐんきち》」のようす。
ここに並《なら》んでいるのは、役目《やくめ》を終《お》えた軍用機《ぐんようき》。

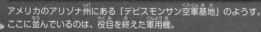

3

じかんめ

飛行機《ひこうき》図鑑《ずかん》①　旅客機《りょかっき》

わたしたちがよく見《み》る「飛行機《ひこうき》」は、乗客《じょうきゃく》を乗《の》せて運《はこ》ぶ「旅客機《りょかっき》」です。ここでは、世界《せかい》でもっとも大《おお》きな飛行機《ひこうき》メーカー「ボーイング社《しゃ》」と「エアバス社《しゃ》」を中心《ちゅうしん》に、いろいろな旅客機《りょかっき》の機種《きしゅ》を見《み》てみましょう。

01

新《しん》技《ぎ》術《じゅつ》がいっぱいつめこまれたB787

B（ボーイング）787ドリームライナーは、日本《にほん》の航空会社《こうくうがいしゃ》ANAが開発《かいはつ》にたずさわった飛《ひ》行機《こうき》です。

2013年《ねん》に初飛行《はつひこう》し、現在《げんざい》では1000機《き》以上《いじょう》が世界中《せかいじゅう》の空《そら》で活躍《かつやく》しています。

B787のエンジンは非常《ひじょう》に性能《せいのう》がよく、従来機《じゅうらいき》より燃費《ねんぴ》が20%も向上《こうじょう》しています。そのため、日本《にほん》から、ほぼ地球《ちきゅう》の裏側《うらがわ》にある

主翼《しゅよく》

CFRPでつくられたB787の主翼《しゅよく》は、飛行中《ひこうちゅう》に、従来機《じゅうらいき》以上《いじょう》に大《おお》きくたわむ（最大《さいだい》で高《たか》さ2メートルほど）。先端《せんたん》は、ウィングレットのような効果《こうか》をもたらす「レイクド・ウィングチップ」とよばれる形状《けいじょう》をしている。

メキシコまでノンストップで飛《と》びつづけることができます。

ほかにも、「機体《きたい》の約半分《やくはんぶん》が軽《かる》くてじょうぶな素材《そざい》CFRP（↓32ページ）でできている」、「従来《じゅうらい》機《き》は油圧《ゆあつ》、電気《でんき》、空気圧《くうきあつ》で飛行機《ひこうき》に必要《ひつよう》なシステムを動《うご》かしていたのに対《たい》し、B787では油圧《ゆあつ》と電気《でんき》だけで動《うご》かす」、「非常用《ひじょうよう》のバッテリーにリチウムイオン電池《でんち》を採用《さいよう》している」など、これまでの飛行機《ひこうき》になかった新《あたら》しい技術《ぎじゅつ》が盛《も》りこまれています。

エンジン
ファンの形状《けいじょう》や燃焼室《ねんしょうしつ》の材料《ざいりょう》が見直《みなお》され、エンジン自体《じたい》の燃焼効率《ねんしょうこうりつ》がよくなった。この結果《けっか》、従来機《じゅうらいき》とくらべて燃費《ねんぴ》が20%改善《かいぜん》された。

B787-8 (ANA)

全幅《ぜんぷく》：60.1 m
全長《ぜんちょう》：56.7 m
全高《ぜんこう》：17.0 m
航続距《こうぞくきょ》離《り》：13,620 km
最大《さいだい》離《り》陸重量《りくじゅうりょう》：227,930 kg
標準《ひょうじゅん》座《ざ》席数《せきすう》：248席《せき》（2クラス）

＊スペックは写真《しゃしん》の機体《きたい》のものではなく、当該機種《とうがいきしゅ》の一例《いちれい》。航空機《こうくうき》メーカーや航空会社《こうくうがいしゃ》のウェブサイト・資料《しりょう》などを参考《さんこう》にした（以降同《いこうどう》）。

もっと知《し》りたい

B787のように、通路《つうろ》が2つある飛行機《ひこうき》を「ワイドボディ機《き》」と言《い》う。

02

ニックネームは“トリプルセブン” B777

B（ボーイング）777は、1994年《ねん》に初飛行《はつひこう》した大型《おおがた》の飛行機《ひこうき》です。当初《とうしょ》はB767（↓80ページ）をもとに開発《かいはつ》されていましたが、さまざまな航空会社《こうくうがいしゃ》の意見《いけん》を取《と》り入《い》れた結果《けっか》、まったく新《あたら》しい飛行機《ひこうき》として誕生《たんじょう》しました。機種《きしゅ》の名前《なまえ》に「7」が3つ並《なら》んでいることから、「トリプルセブン」ともよばれています。

大《おお》きな特徴《とくちょう》としては、当時《とうじ》の最《さい》

新技術《しんぎじゅつ》であるデジタル式《しき》フライ・バイ・ワイヤ（↓50ページ）が採用《さいよう》されています。アナログ式《しき》の部品《ぶひん》がコンピューターなどにおきかわったことで、全体《ぜんたい》が軽《かる》くなり、より整備《せいび》や操縦《そうじゅう》がしやすくなりました。コックピットのディスプレイも、それまではブラウン管《かん》だったのが液晶《えきしょう》にかわり、見《み》やすくなっています。

近年《きんねん》は、B777から派生《はせい》した新《あら》たな飛行機《ひこうき》も開発《かいはつ》されています（↓162ページ）。

B777-200 (JAL)

全幅《ぜんぷく》: 60.9 m
全長《ぜんちょう》: 63.7 m
全高《ぜんこう》: 18.5 m
航続距離《こうぞくきょり》: 9,695 km
最大離陸重量《さいだいりりくじゅうりょう》: 247,010 kg
標準座席数《ひょうじゅんざせきすう》：400席《せき》（2クラス）

もっと知《し》りたい

B777のトイレには、便座《べんざ》やフタがゆっくり閉《し》まる「ダンパー」が組《く》みこまれている。

03 コックピットが同《おな》じの〝同期生《どうきせい》〟B767／B757

B（ボーイング）767と757は同時期《どうじき》に開発《かいはつ》された飛行機《ひこうき》で、共通《きょうつう》のコックピットが採用《さいよう》されています。ふつうは機種《きしゅ》ごとに専用《せんよう》の資格《しかく》をもったパイロットが必要《ひつよう》になりますが、B767とB757は1つの資格《しかく》でどちらも操縦《そうじゅう》できます。

B767は、旅客機《りょかっき》としてははじめてグラスコックピット（↓48ページ）を採用《さいよう》しました。それまでは、パイロットのほかに、計器類《けいきるい》のチェックやエンジン出力《しゅつりょく》を調整《ちょうせい》する「航空機関《こうくうきかん》士《し》」が乗《の》っていました。グラスコックピットでは、ディスプレイでさまざまな情報《じょうほう》が一目《ひとめ》でわかるので、パイロット2人《り》だけで操縦《そうじゅう》することができます。

B757は、B727（↓29ページ）の後継機《こうけいき》として開発《かいはつ》され、1000機《き》以上《いじょう》つくられましたが、A320（↓94ページ）などライバルの旅客機《りょかっき》に活躍《かつやく》を譲《ゆず》り、2004年《ねん》に生産終《せいさんしゅう》了《りょう》となりました。

B767-300ER

全幅《ぜんぷく》：47.6 m
全長《ぜんちょう》：54.9 m
全高《ぜんこう》：15.8 m

航続距離《こうぞくきょり》：11,065 km
最大離陸重量《さいだいりりくじゅうりょう》：186,880 kg
標準座席数《ひょうじゅんざせきすう》：269席《せき》（2クラス）

B757-200

全幅《ぜんぷく》: 38.0 m
全長《ぜんちょう》: 47.3 m
全高《ぜんこう》: 13.6 m

航続距離《こうぞくきょり》: 7,220 km
最大離陸重量《さいだいりりくじゅうりょう》: 99,790 kg
標準座席数《ひょうじゅんざせきすう》: 194席《せき》(2クラス)

もっと知《し》りたい

B757のように、通路《つうろ》が1つしかない飛行機《ひこうき》を「ナローボディ機《き》」という。

04

海外旅行《かいがいりょこう》を身近《みぢか》なものにした"ジャンボジェット"B747

B(ボーイング)747は、別名《べつめい》「ジャンボジェット」ともよばれる大《おお》きな飛行機《ひこうき》です。のちにA380(→88ページ)が登場《とうじょう》するまでは、一般的《いっぱんてき》な飛行機《ひこうき》の1.5~2倍《ばい》の客《きゃく》を乗《の》せることができるただ1つの機種《きしゅ》でした。

開発《かいはつ》された当初《とうしょ》は、大《おお》きなボディに対《たい》してエンジンのパワーが足《た》りず、それほど長《なが》い距離《きょり》を飛《と》べませんでした。その後《ご》、エンジンを

全幅《ぜんぷく》:64.4 m
全長《ぜんちょう》:70.6 m
全高《ぜんこう》:19.4 m
航続距離《こうぞくきょり》:13,450 km
最大離陸重量《さいだいりりくじゅうりょう》:396,890 kg
標準座席数《ひょうじゅんざせきすう》:524席《せき》(2クラス)

改良《かいりょう》したり燃料《ねんりょう》タンクを大《おお》きくしたりして欠点《けってん》を克服《こくふく》しました。

1988年《ねん》に初飛行《はつひこう》したB747-400では、操縦《そうじゅう》の電子《でんし》・自動化《じどうか》のほか、ウイングレット（↓20ページ）や新型《しんがた》のエンジンを取《と》り入《い》れるなど、大幅《おおはば》な改良《かいりょう》が加《くわ》えられました。これにより世界中《せかいじゅう》の航空《こうくう》会社《がいしゃ》がこの飛行機《ひこうき》を取《と》り入《い》れました。座席《ざせき》の数《かず》が多《おお》いので、1席《せき》あたりのチケット代《だい》が下《さ》がり、人々《ひとびと》はより手《て》ごろに海外旅行《かいがいりょこう》を楽《たの》しめるようになりました。

B747-400

もっと知りたい

「ジャンボ」は、19世紀後半《せいきこうはん》にサーカスなどで活躍《かつやく》したゾウの名前《なまえ》。

05

50年《ねん》も空《そら》を飛《と》んでいる ロングセラーB737

B(ボーイング)737は、1967年《ねん》の初飛行《はつひこう》から何度《なんど》も改良《かいりょう》を重《かさ》ねられ、長年《ながねん》乗《の》りつがれている飛行機《ひこうき》です。1980年《ねん》代《だい》にコックピットのデジタル化《か》やエンジン性能《せいのう》の向上《こうじょう》、1990~2000年代初頭《ねんだいしょとう》にかけてグラスコックピット(→48ページ)の導入《どうにゅう》や主翼《しゅよく》のリニューアルなどがなされ、さまざまな大《おお》きさのバリエーションの機体《きたい》がつくられま

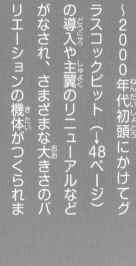

した。
2016年《ねん》に初飛行《はつひこう》したB737 MAXシリーズは、新《あたら》しい飛行《ひこう》システムやエンジンを搭載《とうさい》した機種《きしゅ》でしたが、墜落事故《ついらくじこ》があいついで一時《いっとき》は運航《うんこう》をストップしていました。現在《げんざい》では原因《げんいん》が解明《かいめい》されて運航《うんこう》を再開《さいかい》しています。

2021年《ねん》に初飛行《はつひこう》した最新《さいしん》機種《きしゅ》のB737-10は、従来《じゅうらい》の機種《きしゅ》とくらべて二酸化炭素《にさんかたんそ》の排出《はいしゅつ》量《りょう》や騒音《そうおん》をおさえることに成功《せいこう》しています。

B737-8

全幅《ぜんぷく》：35.9 m　航続距離《こうぞくきょり》：6,570 km
全長《ぜんちょう》：39.5 m　最大離陸重量《さいだいりりくじゅうりょう》：82,190 kg
全高《ぜんこう》：12.3 m　標準座席数《ひょうじゅんざせきすう》：178席《せき》（2クラス）

もっと知《し》りたい

ボーイング（ボーイング・カンパニー）はアメリカに本社《ほんしゃ》がある飛行機《ひこうき》メーカー。

やすみじかん

同《おな》じ機種《きしゅ》なのに形《かたち》がちがう！？

飛行機《ひこうき》の機種《きしゅ》の名前《なまえ》は、つくった会社《かいしゃ》を表《あらわ》すアルファベットに数字《すうじ》をつけてあらわします。たとえば、「B787（→76ページ）」は「ボーイング（Boeing）社《しゃ》のつくった787モデルの飛行機《ひこうき》」という意味《いみ》です。さらに、機種《きしゅ》によっては、その後《ご》にダッシュ「-」でつなげてさらに数字《すうじ》がついていることがあります。これは、同《おな》じ機種《きしゅ》でもさまざまなバリエーションがあることを意味《いみ》します。

同《おな》じ機種《きしゅ》なのに
大《おお》きさが全然《ぜんぜん》
ちがうんだね

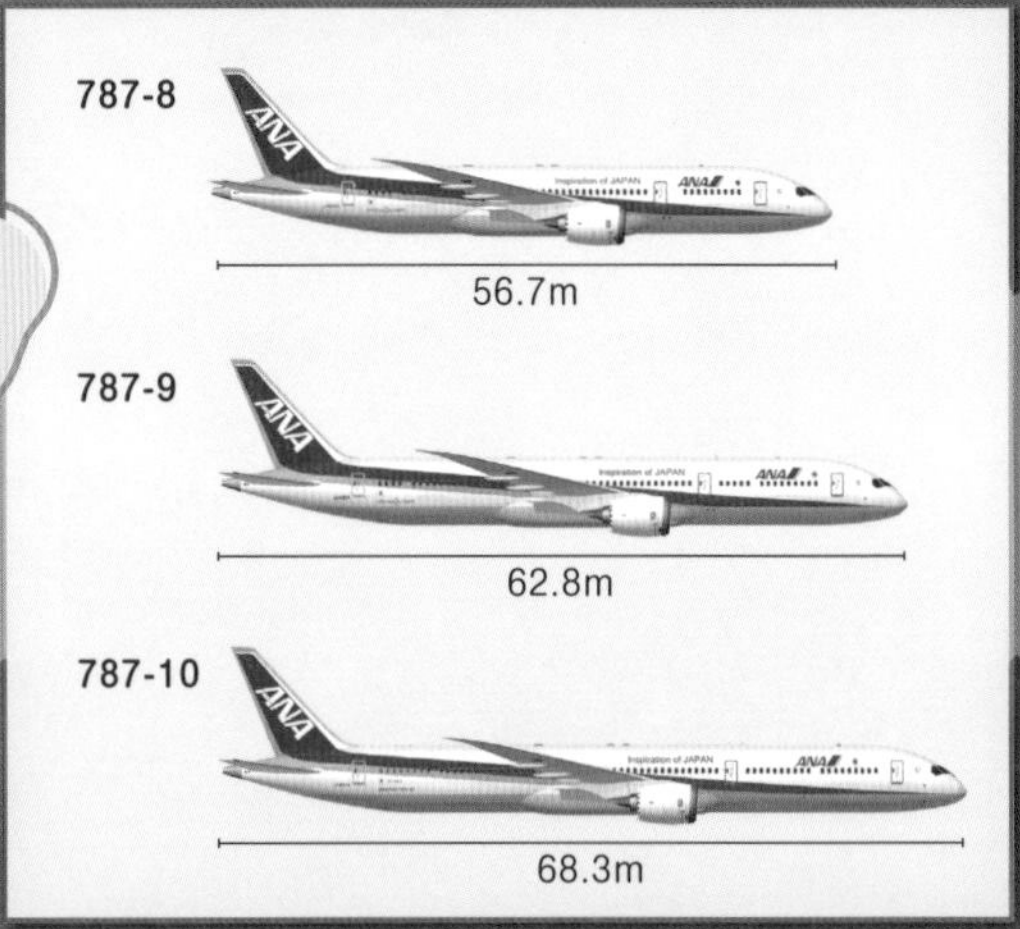
787-8
56.7m
787-9
62.8m
787-10
68.3m

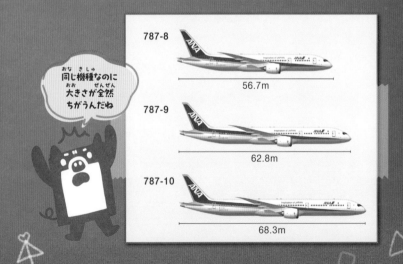

たとえば、B787の基本形《きほんけい》はB787-8（座席《ざせき》数《すう》242、全長《ぜんちょう》56.7メートル）です。さらに座《ざ》席数《せきすう》をふやすために全長《ぜんちょう》をのばしたB787-9（座席数《ざせきすう》280、全長《ぜんちょう》62.8メートル）、さらに胴《どう》を長《なが》くしたB787-10（座席数《ざせきすう》330、全長《ぜんちょう》68.3メートル）があります。

機種《きしゅ》によっては、数字《すうじ》の後《あと》に性能《せいのう》などをあらわすアルファベットが入《はい》ることもあります。

B777-300ER(アエロフロート・ロシア航空《こうくう》)

ERとは「エクステンデッド・レンジ（Extended Range：距離《きょり》を長《なが》くした）」の略《りゃく》。B777（→78ページ）の中《なか》でも、より大《おお》きな燃料《ねんりょう》タンクやパワーのあるエンジンなどを搭載《とうさい》することにより、長《なが》い距離《きょり》を飛《と》べるようにした機種《きしゅ》。

06

大勢《おおぜい》の人々《ひとびと》を運《はこ》んだ最大《さいだい》の旅客機《りょかっき》A380

A（エアバス）380は、500人《にん》以上《いじょう》乗《の》ることができる2階建《かいだ》ての飛行機《ひこうき》です。同《おな》じように4つのエンジンをもつB747（↓82ページ）よりもさらに大《おお》きく、広々《ひろびろ》とした空間《くうかん》をいかして機内《きない》にシャワー室《しつ》やラウンジを設置《せっち》した航空会社《こうくうがいしゃ》もあります。

そんなA380ですが、2005年《ねん》に初飛行《はつひこう》をしてから、わずか16年後《ねんご》の2021年《ねん》には製造《せいぞう》を中《ちゅう》

A380-800
この機体《きたい》は別名《べつめい》「フライングホヌ」。東京《とうきょう》ーホノルル間《かん》を飛《と》ぶ飛行機《ひこうき》だよ。
「ホヌ」はハワイ語《ご》で「ウミガメ」という意味《いみ》なんだ！

止《し》しています。いったいなぜでしょう。

A380をはじめとした四発機《よんぱつき》(エンジンが4つある機種《きしゅ》)は、どうしても燃費《ねんぴ》がわるく、整備《せいび》の費用《ひよう》や時間《じかん》がかかるという欠点《けってん》があり、活躍《かつやく》できる路線《ろせん》が限《かぎ》られています。さらに、近年《きんねん》は燃料《ねんりょう》の値《ね》段《だん》が上《あ》がり、また、新型《しんがた》コロナウイルスの感染拡大《かんせんかくだい》によって旅行《りょこう》に出《で》かける人《ひと》が少《すく》なくなりました。そのため、A380はその役目《やくめ》を終《お》えようとしているのです。

全幅《ぜんぷく》：79.8 m
全長《ぜんちょう》：72.7 m
全高《ぜんこう》：24.1 m
航続距離《こうぞくきょり》：15,000 km
最大離陸重量《さいだいりりくじゅうりょう》：560,000 kg
標準座席数《ひょうじゅんざせきすう》：545席《せき》(4クラス)

もっと知《し》りたい

フライングホヌは、ハワイの「空《そら》」「海《うみ》」「夕日《ゆうひ》」をイメージカラーにした3種《しゅ》がある。

07

鳥《とり》の翼《つばさ》にヒントを得《え》てつくられたA350XWB

A（エアバス）350XWBは、2014年《ねん》に納入《のうにゅう》を開始《かいし》した大《おお》型《がた》の飛行機《ひこうき》で、「XWB」は「エクストラ・ワイド・ボディ（eXtra Wide Body）」の略《りゃく》です。

当初《とうしょ》はA330（→92ページ）をもとに「A350」として開《かい》発《はつ》が進《すす》められていましたが、ライバル機《き》であるB787（→76ページ）にスペックで負《ま》けそうだったため、計画《けいかく》が大《おお》きく変更《へんこう》されま

A350-900

した。その結果《けっか》、幅《はば》を広《ひろ》くした客《きゃく》室《しつ》をもつ「A350XWB」が完成《かんせい》したのです。

A350XWBは、センサーで風《かぜ》を検知《けんち》し、その強《つよ》さに合《あ》わせて主翼《しゅよく》のうしろにあるフラップ（→54ページ）を動《うご》かすことで、空気抵抗《くうきていこう》を小《ちい》さくして飛《と》ぶことができます。これは、鳥《とり》が風《かぜ》の強《つよ》さに合《あ》わせて翼《つばさ》の形《かたち》や傾《かたむ》きを調節《ちょうせつ》しながら飛《と》ぶ姿《すがた》にヒントを得《え》て設計《せっけい》された機能《きのう》です。大型旅客機《おおがたりょかっき》としては史上初《しじょうはつ》となる技術《ぎじゅつ》です。

全幅《ぜんぷく》：64.8 m
全長《ぜんちょう》：66.8 m
全高《ぜんこう》：17.1 m
航続距離《こうぞくきょり》：15,000 km
最大離陸重量《さいだいりりくじゅうりょう》：280,000 kg
標準座席数《ひょうじゅんざせきすう》：314席《せき》（3クラス）

もっと知《し》りたい

A350XWBは機体《きたい》の約半分《やくはんぶん》がCFRP（→32ページ）でできている。

08

見《み》た目《め》がそっくりな姉《し》妹《まい》機《き》 Ａ３４０／Ａ３３０

Ａ（エアバス）３４０と３３０は、エアバス社《しゃ》が１９８０年代《ねんだい》に進《すす》められた「ＴＡ計画《けいかく》」にもとづいてつくられた機種《きしゅ》です。「ＴＡ」とは「Twin Aisle（2つの通路《つうろ》）」の略《りゃく》です。ちなみに、同《おな》じ時期《じき》に進《すす》められていた「ＳＡ（Single Aisle：１つの通路《つうろ》）計画《けいかく》」でつくられたのがＡ３２０（↓94ページ）です。

１９９１年《ねん》にＡ３４０が、１９９２年《ねん》にＡ３３０が、それぞれ初飛行《はつひこう》しました。

この2つのちがいは、エンジンの数《かず》だけと言《い》っていいでしょう。Ａ３４０は四発機《よんぱつき》（エンジンは4つ）、Ａ３３０は双発機《そうはつき》（エンジンは2つ）です。そのほかは、胴体《どうたい》、主翼《しゅよく》、尾翼《びよく》、ランディングギア（↓38ページ）、コックピット、飛行《ひこう》システムなど、すべて同《おな》じものを使《つか》っています。これにより、開発《かいはつ》コストがおさえられ、価格《かかく》を安《やす》くすることができました。

A340-300
SWISS
全幅《ぜんぷく》：60.3 m
全長《ぜんちょう》：63.6 m
全高《ぜんこう》：16.9 m
航続距離《こうぞくきょり》：13,350 km
最大離陸重量《さいだいりりくじゅうりょう》：271,000 kg
標準座席数《ひょうじゅんざせきすう》：295席《せき》（3クラス）

A330-300
CHINA AIRLINES
全幅《ぜんぷく》：60.3 m
全長《ぜんちょう》：63.6 m
全高《ぜんこう》：16.9 m
航続距離《こうぞくきょり》：10,500 km
最大離陸重量《さいだいりりくじゅうりょう》：230,000 kg
標準座席数《ひょうじゅんざせきすう》：295席《せき》（3クラス）

もっと知《し》りたい

A340は燃費《ねんぴ》などの面《めん》でB777（→78ページ）に敗《やぶ》れ、2012年《ねん》に生産中止《せいさんちゅうし》となった。

09

エアバス社《しゃ》の大《だい》ヒットシリーズ “A320ファミリー”

A（エアバス）320は、92ページで紹介《しょうかい》した「SA計画《けいかく》」にもとづいてつくられたナローボディ機《き》（通路《つうろ》が1つの機種《きしゅ》）です。

A320が開発《かいはつ》された1980年《ねん》代《だい》、同《おな》じくらいの席数《せきすう》の飛行機《ひこうき》にはB737（↓84ページ）など強力《きょうりょく》なライバルがたくさんいました。そこで、A320にはデジタル式《しき》フライ・バイ・ワイヤ（↓50ページ）の導入《どうにゅう》、サイドスティック（↓50ページ）やグラスコックピット（↓48ページ）の採用《さいよう》、ライバルよりも広《ひろ》い客室《きゃくしつ》や貨物室《かもつしつ》など、当時《とうじ》の新《あたら》しい技術《ぎじゅつ》を盛《も》りこみ、おかげで大《だい》ヒットしました。

A320を基本型《きほんけい》に、胴《どう》が長《なが》いA321、胴《どう》が短《みじか》いA319も登場《とうじょう》しました。さらに、A319よりも胴《どう》が短《みじか》いA318もつくられました。これらの機種《きしゅ》は、まとめて「A320ファミリー」とよばれています。にぎやかな家族《かぞく》みたいですね。

A321-100

全幅《ぜんぷく》：34.1 m　航続距離《こうぞくきょり》：4,350 km
全長《ぜんちょう》：44.5 m　最大離陸重量《さいだいりりくじゅうりょう》：83,000 kg
全高《ぜんこう》：11.8 m　標準座席数《ひょうじゅんざせきすう》：185席《せき》（2クラス）

A319（TAPポルトガル航空《こうくう》）

全幅《ぜんぷく》：34.1 m　航続距離《こうぞくきょり》：3,250 km
全長《ぜんちょう》：33.8 m　最大離陸重量《さいだいりりくじゅうりょう》：64,000 kg
全高《ぜんこう》：11.8 m　標準座席数《ひょうじゅんざせきすう》：124席《せき》（2クラス）

A318（エールフランス航空《こうくう》）

全幅《ぜんぷく》：34.1 m　航続距離《こうぞくきょり》：3,250 km
全長《ぜんちょう》：31.5 m　最大離陸重量《さいだいりりくじゅうりょう》：64,000 kg
全高《ぜんこう》：12.8 m　標準座席数《ひょうじゅんざせきすう》：107席《せき》（2クラス）

全幅《ぜんぷく》：34.1 m　航続距離《こうぞくきょり》：4,900 km
全長《ぜんちょう》：37.6 m　最大離陸重量《さいだいりりくじゅうりょう》：73,500 kg
全高《ぜんこう》：11.8 m　標準座席数《ひょうじゅんざせきすう》：150席《せき》（2クラス）

A320-200（ニュージーランド航空《こうくう》）

もっと知《し》りたい

パイロットは1つの資格《しかく》でA320ファミリーのすべての機種《きしゅ》を操縦《そうじゅう》できる。

10 最初《さいしょ》はちがう会社《かいしゃ》でちがう名前《なまえ》だったA220

A（エアバス）220は、当《とう》初《しょ》はエアバス社《しゃ》ではなく、ボンバルディア社《しゃ》が開発《かいはつ》していた飛行機《ひこうき》です。

ボンバルディア社《しゃ》は、もともと100席《せき》以下《いか》の小《ちい》さな飛行機《ひこうき》をたくさんつくっていた会社《かいしゃ》でしたが、2008年《ねん》ごろから、100席《せき》以上《いじょう》をもつ「Cシリーズ」の開発《かいはつ》を進《すす》めていました。

しかし、Cシリーズは受注数《じゅちゅうすう》

がありのびず、ボンバルディア社《しゃ》は業績《ぎょうせき》が悪化《あっか》してしまいます。これにより、Cシリーズはエアバス社《しゃ》に引《ひ》きつがれることになりました。

Cシリーズには、108～135席《せき》の「CS100」と、130～160席《せき》の「CS300」の2機種《きしゅ》がありました。エアバス社《しゃ》に引《ひ》きつがれてからは、それぞれ「A220-100」と「A220-300」に名前《なまえ》を変《か》えています。

エアバスにやってきた“転校生《てんこうせい》”ってところだな

操縦《そうじゅう》はサイドスティックで行《おこな》う。客室《きゃくしつ》は窓《まど》やオーバーヘッド・ビン（→40ページ）が大《おお》きいのが特徴《とくちょう》。

CS300

もっと知《し》りたい

エアバスは、フランスに本社《ほんしゃ》があるヨーロッパの飛行機《ひこうき》メーカー。

やすみじかん

安《やす》く飛行機《ひこうき》に乗《の》れる「LCC」

LCC(ローコストキャリア:Low Cost Carrier)は、運賃《うんちん》がとても安《やす》い航空会社《こうくうがいしゃ》です。日本《にほん》では、2012年《ねん》にピーチ・アビエーション、ジェットスター・ジャパン、エアアジア・ジャパンといった会社《かいしゃ》が運航《うんこう》をはじめました。時期《じき》によっては、ほかの航空会社《こうくうがいしゃ》の半分以下《はんぶんいか》の運賃《うんちん》で飛行機《ひこうき》に乗《の》ることができます。なぜ、そんなに安《やす》いのでしょうか。

LCCの飛行機《ひこうき》は、ギャレー(→42ページ)

などをなくし、席《せき》と席《せき》の間《あいだ》を狭《せま》くすることで、座席《ざせき》の数《かず》を多《おお》くしています。一度《いちど》にたくさんの乗客《じょうきゃく》を運《はこ》ぶ方《ほう》が、コストがかからないのです。発着《はっちゃく》も、都心部《としんぶ》からはなれた最低限《さいていげん》の設《せつ》備《び》だけがある空港《くうこう》のターミナルを使《つか》い、空港《くうこう》設備《せつび》の使用料《しようりょう》をおさえています。

　また、機内《きない》で乗客《じょうきゃく》が使《つか》うものは基本的《きほんてき》に有《ゆう》料《りょう》で、機内食《きないしょく》や飲《の》み物《もの》なども、欲《ほ》しい人《ひと》がお金《かね》を出《だ》して買《か》うシステムになっています。なので、「サービスやおもてなしは最低限《さいていげん》でいいから安《やす》く乗《の》りたい」という場合《ばあい》には、LCCが向《む》いています。旅《たび》の選択肢《せんたくし》が増《ふ》えるのは、うれしいことですね。

ポルトガル・マデイラ空港《くうこう》

11 T字尾翼《じびよく》がトレードマーク CRJシリーズ

ここからは比較的《ひかくてき》小《ちい》さい飛行機《ひこうき》の紹介《しょうかい》をします。

ボンバルディアCRJ（カナディア・リージョナル・ジェット：Canadair Regional Jet）は、ボンバルディア社《しゃ》が生産《せいさん》した小型《こがた》の飛行機《ひこうき》です。

CRJには、1991年《ねん》に初《はつ》飛行《ひこう》した「CRJ100（50席《せき》）」と、エンジンを変更《へんこう》した「CRJ200」を基本《きほん》に、胴《どう》を長《なが》くした

CRJ200 LR

全幅《ぜんぷく》：21.2 m
全長《ぜんちょう》：26.8 m
全高《ぜんこう》：6.2 m
航続距離《こうぞくきょり》：2,936 km
最大離陸重量《さいだいりりくじゅうりょう》：23,130 kg
標準座席数《ひょうじゅんざせきすう》：50席《せき》（1クラス）

「ＣＲＪ７００（70席《せき》クラス）」、「ＣＲＪ９００（90席《せき》クラス）」「ＣＲＪ１０００（１００席《せき》クラス）」があり、これらをまとめて「ＣＲＪシリーズ」とよびます。

　ＣＲＪシリーズは、１９００機《き》以上《いじょう》もつくられましたが、ボンバルディア社《しゃ》の業績《ぎょうせき》が悪化《あっか》したため、２０２１年《ねん》に生産中止《せいさんちゅうし》となっています。メンテナンスやカスタマーサポートなどは、日本《にほん》の三菱重工業《みつびしじゅうこうぎょう》が２０２０年《ねん》に設立《せつりつ》した「ＭＨＩＲＪアビエーショングループ」が引《ひ》きついでいます。

CRJ700 NextGen
全幅《ぜんぷく》：23.2 m
全長《ぜんちょう》：32.5 m
全高《ぜんこう》：7.6 m
航続距離《こうぞくきょり》：2,794 km
最大離陸重量《さいだいりりくじゅうりょう》：33,000 kg
標準座席数《ひょうじゅんざせきすう》：70席《せき》（1クラス）

もっと知《し》りたい

ボンバルディアはカナダに本社《ほんしゃ》がある飛行機《ひこうき》メーカー。

12 プロペラ付《つ》きの翼《つばさ》をもつダッシュ8（DHC-8）

DHC（デ・ハビランド・カナダ）-8、通称《つうしょう》「ダッシュ8」は、エンジンの力《ちから》でプロペラを回《まわ》して前《まえ》に進《すす》む力《ちから》を得《え》るボンバルディア社《しゃ》の「ターボプロップ機《き》」です。40席《せき》クラスの「シリーズ100」と、エンジンの性能《せいのう》を向上《こうじょう》させた「シリーズ200」、50席《せき》クラスの「シリーズ300」があります。

1996年《ねん》、NVS（ノイズ・アンド・バイブレーション・サプ

DHC-8-Q400

レッション・システム：Noise and Vibration Suppression system）という装置《そうち》を採用《さいよう》し、振動《しんどう》や騒音《そうおん》を減少《げんしょう》させた「Qシリーズ」に生《う》まれかわりました。

さらに1999年《ねん》、コックピットなどを新《あたら》しくし、胴《どう》を長《なが》くした「Q400（DHC-8-Q400）」が新《あら》たに開発《かいはつ》されています。

その後《ご》、ボンバルディア社《しゃ》がQシリーズを手放《てばな》したため、名前《なまえ》はもとの「ダッシュ8」にもどりました。

全幅《ぜんぷく》：28.4 m
全長《ぜんちょう》：32.8 m
全高《ぜんこう》：8.4 m
航続距離《こうぞくきょり》：2,040 km
最大離陸重量《さいだいりりくじゅうりょう》：27,987 kg
標準座席数《ひょうじゅんざせきすう》：74席《せき》（1クラス）

もっと知《し》りたい

「Qシリーズ」のQは「Quiet：静《しず》か」からとられている。

13 進化《しんか》をつづけるコンパクトな機体《きたい》 Eジェット

Eジェットは、エンブラエル社《しゃ》が開発《かいはつ》した飛行機《ひこうき》のシリーズで、70〜90席《せき》クラスの「E（エンブラエル）170」と、100〜120席《せき》クラスの「E190」などがあります。

エンブラエル社《しゃ》は、かつて「ERJ145・135・140」という50席《せき》クラス以下《いか》の小《ちい》さい飛行《ひこう》機《き》を生産《せいさん》していました。ライバルのCRJ200（↓100ページ）

ERJ145 EP

全幅《ぜんぷく》：20.0 m
全長《ぜんちょう》：29.9 m
全高《ぜんこう》：6.8 m
航続距離《こうぞくきょり》：2,224 km
最大離陸重量《さいだいりりくじゅうりょう》：20,990 kg
標準座席数《ひょうじゅんざせきすう》：50席《せき》（1クラス）

より座席数《ざせきすう》が少《すく》ないという欠点《けってん》がありましたが、コストパフォーマンスに優《すぐ》れていたので、1200機《き》以上《いじょう》が納入《のうにゅう》されました。

　このERJの成功《せいこう》をきっかけに生《う》まれたのが「Eジェット」です。2004年《ねん》のE170の初《はつ》就航《しゅうこう》から現在《げんざい》に至《いた》るまで世界中《せかいじゅう》で活躍《かつやく》しています。2021年《ねん》からは、燃費《ねんぴ》をよくし、席数《せきすう》を多《おお》くして、騒音《そうおん》を減《へ》らした「Eジェット E2」シリーズもつくられています。この飛行機《ひこうき》は、まだ進化《しんか》の途中《とちゅう》なのです。

E190 AR

全幅《ぜんぷく》：28.7 m
全長《ぜんちょう》：36.2 m
全高《ぜんこう》：10.6 m
航続距離《こうぞくきょり》：4,537 km
最大離陸重量《さいだいりりくじゅうりょう》：51,800 kg
標準座席数《ひょうじゅんざせきすう》：96席《せき》（2クラス）

もっと知《し》りたい

エンブラエルは、ブラジルに本社《ほんしゃ》のある飛行機《ひこうき》メーカー。

14 島《しま》への空路《くうろ》に強《つよ》い器用《きよう》な翼《つばさ》 ATR42／ATR72

ATR(Avions de Transport Régional) は、フランスのエアバス社《しゃ》と、イタリアのレオナルド社《しゃ》が共同設立《きょうどうせつりつ》した飛行機《ひこうき》メーカーです。ATRの飛行機《ひこうき》には、40席《せき》クラスの「ATR42-600」と、70席《せき》クラスの「ATR72-600」などがあります。いずれもターボプロップ機《き》(→102ページ)です。

ATR42やATR72が活躍《かつやく》する

ATR72-600

全幅《ぜんぷく》：27.1 m　航続距離《こうぞくきょり》：1,404 km
全長《ぜんちょう》：27.2 m　最大離陸重量《さいだいりりくじゅうりょう》：22,800 kg
全高《ぜんこう》：7.7 m　標準座席数《ひょうじゅんざせきすう》：72席《せき》（1クラス）

のは、離島《りとう》へ飛《と》ぶ短距離《たんきょり》の航路《こうろ》です。たとえば、標高《ひょうこう》が高《たか》い、幅《はば》がせまい、舗装《ほそう》されていないなどといった条件《じょうけん》の悪《わる》い空港《くうこう》や飛行場《ひこうじょう》でも、離着陸《りちゃくりく》を行《おこな》うことができます。

また、ほかの同《おな》じくらいの大《おお》きさの飛行機《ひこうき》の貨物室《かもつしつ》はたいてい機尾《きび》にありますが、ＡＴＲの飛行機《ひこうき》は客室《きゃくしつ》とコックピットの間《あいだ》にあります。これにより、貨物室《かもつしつ》の入《い》り口《ぐち》が広《ひろ》くなり、たくさんの荷物《にもつ》を短時間《たんじかん》で積《つ》み下《お》ろしできるようになっています。

貨物室《かもつしつ》

エアステア

もっと知《し》りたい

ターボプロップ機《き》は、短《みじか》い航路《こうろ》ではジェット機《き》より燃費《ねんぴ》が良《よ》い傾向《けいこう》にある。

15 しっかりしたつくりで寿命《じゅみょう》が長《なが》い サーブ340

サーブ340は、スウェーデンのサーブ社《しゃ》と、アメリカのフェアチャイルド・エアクラフト社《しゃ》が共同開発《きょうどうかいはつ》した飛行機《ひこうき》のシリーズです。

当初《とうしょ》は両者《りょうしゃ》の頭文字《かしらもじ》を取《と》って「SF340」という飛行機《ひこうき》を開発《かいはつ》していましたが、フェアチャイルド社《しゃ》が撤退《てったい》したことで、「サーブ340A」と名前《なまえ》が変更《へんこう》されました。サーブ340Aは、ラ

340B Plus

全幅《ぜんぷく》:22.8 m
全長《ぜんちょう》:19.7 m
全高《ぜんこう》:7.0 m
航続距離《こうぞくきょり》:1,520 km
最大離陸重量《さいだいりりくじゅうりょう》:13,155 kg
標準座席数《ひょうじゅんざせきすう》:34席《せき》(1クラス)

イバルのダッシュ8（↓102ページ）やATR42（↓106ページ）をこえる人気《にんき》を博《はく》しました。その後《ご》、サーブ340Aは、さらに性能《せいのう》を上《あ》げたサーブ340B、客室《きゃくしつ》を新《あたら》しくした「340B Plus(340B-WT)」に生《う》まれかわりました。

サーブ340は、故障《こしょう》が少《すく》なく寿命《じゅみょう》が長《なが》い傾向《けいこう》にある優秀《ゆうしゅう》な機種《きしゅ》でしたが、残念《ざんねん》ながら1999年《ねん》に生産中止《せいさんちゅうし》となり、日本《にほん》でも2021年末《ねんまつ》に役目《やくめ》を終《お》えました。

もっと知《し》りたい

一般的《いっぱんてき》な飛行機《ひこうき》の寿命《じゅみょう》は約《やく》20年《ねん》とされているが、サーブ340はその倍長持《ばいながも》ちする。

やすみじかん

カクカクした小《ちい》さな旅客機《りょかくき》

写真《しゃしん》の飛行機《ひこうき》は、ドイツのドルニエ社《しゃ》が開《かい》発《はつ》した「Do（ドルニエ）228」です。19席《せき》しかないとても小《ちい》さな旅客機《りょかくき》です。

一般的《いっぱんてき》な飛行機《ひこうき》は、気圧《きあつ》の低《ひく》い上空《じょうくう》でも人《ひと》が過《す》ごせるよう、機内《きない》の気圧《きあつ》が高《たか》く設定《せってい》され、その力《ちから》を分散《ぶんさん》するため丸《まる》い筒型《つつがた》のボディをしています。Do228はそれほど高《たか》く飛《と》ばず、機《き》内《ない》の気圧《きあつ》を調整《ちょうせい》しないので、機体《きたい》は四角《しかく》くなっています。

ISHINO-OIL
四角《しかく》いボディ
だから客室《きゃくしつ》も
広《ひろ》く見《み》えるね
客室内《きゃくしつない》

4

じかんめ

飛《ひ》行《こう》機《き》図《ず》鑑《かん》②
いろいろな飛《ひ》行《こう》機《き》

旅客機《りょかっき》以外《いがい》にも、個人所有《こじんしょゆう》のビジネスジェットや、物《もの》を運《はこ》ぶ専用《せんよう》の貨物機《かもつき》、軍用機《ぐんようき》など、飛行機《ひこうき》にはさまざまな種類《しゅるい》があります。ここでは、その一部《いちぶ》を紹介《しょうかい》しています。

01

100年《ねん》ごしにかなった少年《しょうねん》の夢《ゆめ》 ホンダジェット

「いつか飛行機《ひこうき》をつくりたい」。そう夢《ゆめ》見《み》た10歳《さい》の少年《しょうねん》がいました。彼《かれ》の名《な》前《まえ》は本田宗一郎《ほんだそういちろう》。自動車《じどうしゃ》で有名《ゆうめい》なホンダ（本田技研工業《ほんだぎけんこうぎょう》）の創設者《そうせつしゃ》です。本《ほん》田《だ》少年《しょうねん》が夢《ゆめ》をいだいてからおよそ100年後《ねんご》の2015年《ねん》、ホンダは独自《どくじ》の飛行機《ひこうき》をつくりあげました。それがホンダジェット（Honda Jet）です。

　ホンダジェットの特徴《とくちょう》は、なんといっても翼《つばさ》の「上《うえ》」についたエンジンでしょう。

　従来《じゅうらい》の小型《こがた》ジェット機《き》は、機体後部《きたいこうぶ》にエンジンを取《と》りつけることがほとんどですが、客室《きゃくしつ》がせまくなる、騒音《そうおん》が大《おお》きくなるなどの欠点《けってん》があります。とはいえ、翼《つばさ》の上《うえ》につけると、たいていは空気抵抗《くうきていこう》で飛行機《ひこうき》が進《すす》む力《ちから》をじゃましてしまいます。ホンダは、何度《なんど》も検《けん》証《しょう》をくり返《かえ》し、空気抵抗《くうきていこう》が小《ちい》さくなる位置《いち》にエンジンを設置《せっち》することに成功《せいこう》しました。

HondaJet Elite S

全幅《ぜんぷく》：12.1 m
全長《ぜんちょう》：13.0 m
全高《ぜんこう》：4.5 m
最大巡航速度《さいだいじゅんこうそくど》：782 km/h
航続距離《こうぞくきょり》：2,661 km
最大定員《さいだいていいん》：8人《にん》（乗員《じょういん》1名《めい》＋乗客《じょうきゃく》7名《めい》 または 乗員《じょういん》2名《めい》＋乗客《じょうきゃく》6名《めい》）

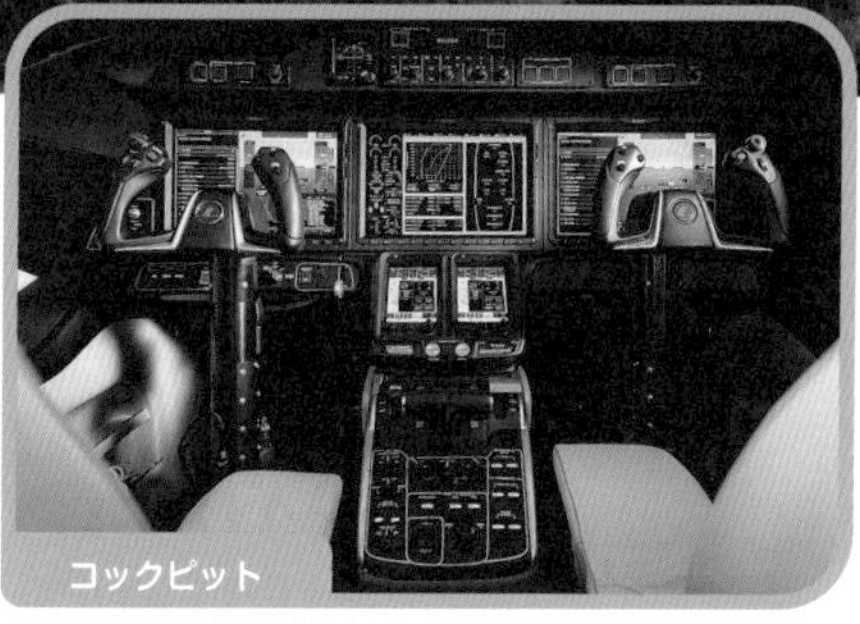

コックピット

パイロット1人《ひとり》での操縦《そうじゅう》が可能《かのう》。中央《ちゅうおう》には3つの14インチ高解像度《こうかいぞうど》ディスプレイが並《なら》び、その下《した》には、飛行《ひこう》システムの操作《そうさ》を行《おこな》うためのタッチスクリーン式《しき》コントローラが2つ並《なら》ぶ。

もっと知《し》りたい

ホンダジェットは、個人《こじん》や企業《きぎょう》が所有《しょゆう》する「ビジネスジェット」。

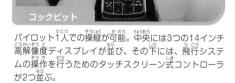

小《ちい》さい飛行機図鑑《ひこうきずかん》

ここでは、はたらきものの小《ちい》さい飛行機《ひこうき》をたくさん紹介《しょうかい》します。

CJ4（ハーンエアラインズ）
アメリカのセスナ社《しゃ》（現在《げんざい》はテキストロン・アビエーション社傘下《しゃさんか》）が開発《かいはつ》したビジネスジェット「サイテーション(CitationJet)」シリーズの1つ。

リアジェット・75リバティ（アブコンジェット）
アメリカの老舗《しにせ》ビジネスジェットメーカー、リアジェット社《しゃ》が開発《かいはつ》した機種《きしゅ》。現在《げんざい》はカナダのボンバルディア社《しゃ》が引《ひ》きついでいる。

G650（カタール・エグゼクティブ）
アメリカのビジネスジェットメーカー、ガルフストリーム社《しゃ》が手《て》がけた飛行機《ひこうき》。

ボンバルディア・チャレンジャー650
CRJ（→100ページ）のベースにもなった、カナディア社《しゃ》の「チャレンジャー600」を改良《かいりょう》し、2015年《ねん》に納入《のうにゅう》が開始《かいし》されたモデル。

やすみじかん

ビーチクラフト・バロンG58
アメリカのビーチクラフト社《しゃ》（現在《げんざい》はテキストロン・アビエーション社傘下《しゃさんか》）の飛行機《ひこうき》。レシプロエンジンで動《うご》く。

ダッソー・ファルコン8X
フランスの航空機《こうくうき》メーカー、ダッソー社《しゃ》のビジネスジェット。

クエスト・コディアック100（せとうち SEAPLANES）
アメリカのクエスト・エアクラフト社《しゃ》（現在《げんざい》はフランスのダエア社《しゃ》の傘下《さんか》）でつくられた。水上《すいじょう》に着水《ちゃくすい》するための「フロート」という部品《ぶひん》がついている。

PA-28-181アーチャーⅢ
(ヘッセン航空《こうくう》パイロット協会《きょうかい》)
アメリカの老舗《しにせ》メーカー、パイパー・エアクラフト社《しゃ》の飛行機《ひこうき》。レシプロエンジン(→174ページ)で動《うご》く。

ボンバルディア・グローバル 7500(RISE & SHINE AIR)
「グローバル」は、ボンバルディア社《しゃ》のビジネスジェットの中《なか》で、最《もっと》も大《おお》きな機体《きたい》をもつ。

セスナ・スカイホーク
(グローバル・アビエーション・アカデミー)
もとの商品名《しょうひんめい》は「セスナ 172」。この機種《きしゅ》の登場《とうじょう》で、日本《にほん》では「セスナ」 が小《ちい》さめの飛行機《ひこうき》をあらわす言葉《ことば》になった。

02

まるでイルカ!? 飛《ひ》行《こう》機《き》の部《ぶ》品《ひん》を運《はこ》ぶ飛《ひ》行《こう》機《き》

ここでは、おもしろい形《かたち》をした飛行《ひこう》機《き》たちを紹介《しょうかい》します。

エアバス社《しゃ》の「ベルーガ」は、主《おも》に組《く》み立《た》て途中《とちゅう》の飛行機《ひこうき》の部品《ぶひん》を運《はこ》ぶために開発《かいはつ》されました。特徴的《とくちょうてき》な丸《まる》い頭《あたま》の部分《ぶぶん》に、大《おお》きな貨物室《かもつしつ》があります。名前《なまえ》の通《とお》りベルーガ（シロイルカ）にそっくりですね。

ベルーガと同《おな》じ目的《もくてき》で開発《かいはつ》されたのが、ボーイング社《しゃ》の「ドリームリフター」です。こちらも貨物室《かもつしつ》を大《おお》きくするため、胴体《どうたい》がふくらんだ形《かたち》をしています。

次《つぎ》に紹介《しょうかい》するボーイング社《しゃ》の「スーパーグッピー」は、まるで金属《きんぞく》でできた風船《ふうせん》のような見《み》た目《め》に、小《ちい》さいプロペラがついた翼《つばさ》が特徴的《とくちょうてき》な飛行機《ひこうき》です。なんとロケットの部品《ぶひん》や宇宙船《うちゅうせん》を運《はこ》ぶために開発《かいはつ》されたもので、積《つ》みこむときは機首《きしゅ》が開《ひら》くようになっています。NASA（アメリカ航空宇宙局《こうくううちゅうきょく》）が所有《しょゆう》しています。

ベルーガXL

ドリームリフター

スーパーグッピー・タービン

2019年《ねん》11月《がつ》21日《にち》、アメリカのケネディ宇宙《うちゅう》センターで宇宙船《うちゅうせん》「オリオン」を積《つ》みこむスーパーグッピー・タービン（写真提《しゃしんてい》供《きょう》：NASA、Kennedy Space Center）。

もっと知《し》りたい

ドリームリフターは、日本《にほん》ではセントレア（中部国際空港《ちゅうぶこくさいくうこう》）で見《み》ることができる。

やすみじかん

世界最大《せかいさいだい》の貨物輸送機《かもつゆそうき》

An-225ムリーヤは、現在《げんざい》のウクライナでつくられた、世界最大《せかいさいだい》の貨物輸送機《かもつゆそうき》です。長《なが》さは約《やく》84メートルで、旅客機《りょかっき》で一番大《いちばんおお》きなA380(→88ページ)と比較《ひかく》しても10メートル以上《いじょう》大《おお》きいことになります。巨大《きょだい》な体《からだ》を支《ささ》えるため、エンジンは6つ、タイヤは32個《こ》ついています。ちなみに、「ムリーヤ」はウクライナ語《ご》で「夢《ゆめ》」をあらわす言葉《ことば》です。

ムリーヤは、世界各国《せかいかっこく》の要請《ようせい》で、たくさん

の物資《ぶっし》を運《はこ》んできました。2011年《ねん》の東日本大《ひがしにほんだい》震災《しんさい》の際《さい》には、フランス政府《せいふ》がチャーターし、日本《にほん》へ150トンもの救援物資《きゅうえんぶっし》を届《とど》けました。2020年《ねん》に新型《しんがた》コロナウイルス感染症《かんせんしょう》が流行《りゅうこう》してからは、医療機器《いりょうきき》を運《はこ》ぶために世界中《せかいじゅう》を飛《と》びまわりました。

　ところが2022年《ねん》、ウクライナに侵攻《しんこう》したロシアが空港《くうこう》を襲《おそ》い、ムリーヤは壊《こわ》されてしまいました。2023年現在《ねんげんざい》、2号機《ごうき》が製作《せいさく》されているとのことです。いつかまた、この大《おお》きな飛行機《ひこうき》が空《そら》を飛《と》ぶ姿《すがた》が見《み》られるといいですね。

03

戦闘機《せんとうき》はどうして速《はや》く飛《と》べるの？

ここからは、軍隊《ぐんたい》が使用《しよう》する飛行機《ひこうき》「軍用機《ぐんようき》」について紹介《しょうかい》します。

次《つぎ》のページにあるのは、「F-35Bライトニング Ⅱ」という戦闘機《せんとうき》です。ここまで見《み》てきた旅客機《りょかっき》や貨物機《かもつき》とは、ずいぶん構造《こうぞう》がちがうことがわかります。

翼《つばさ》に注目《ちゅうもく》してみましょう。三角形《さんかっけい》の先端《せんたん》を切《き》り落《お》としたような形《かたち》をしています。これは、音速《おんそく》以上《いじょう》の高速《こうそく》で飛《と》ぶときに空気抵抗《くうきていこう》をおさえ、なおかつ翼《つばさ》の強度《きょうど》を保《たも》つために考《かんが》えられた「クリップトデルタ翼《よく》」です。

また、戦闘機《せんとうき》は急旋回《きゅうせんかい》や宙返《ちゅうがえ》りなど、空中《くうちゅう》で小回《こまわ》りをきかせる動《うご》きをします。垂直尾翼《すいちょくびよく》が1つだと、自《みずか》らが起《お》こした気流《きりゅう》の乱《みだ》れの中《なか》に垂直尾翼《すいちょくびよく》が入《はい》ることで、舵《かじ》がきかなくなる恐《おそ》れがあります。そのため、戦闘機《せんとうき》は垂直尾翼《すいちょくびよく》を左右《さゆう》に1つずつ配置《はいち》した「双垂直尾翼《そうすいちょくびよく》」にすることで、確実《かくじつ》に舵《かじ》をとっています。

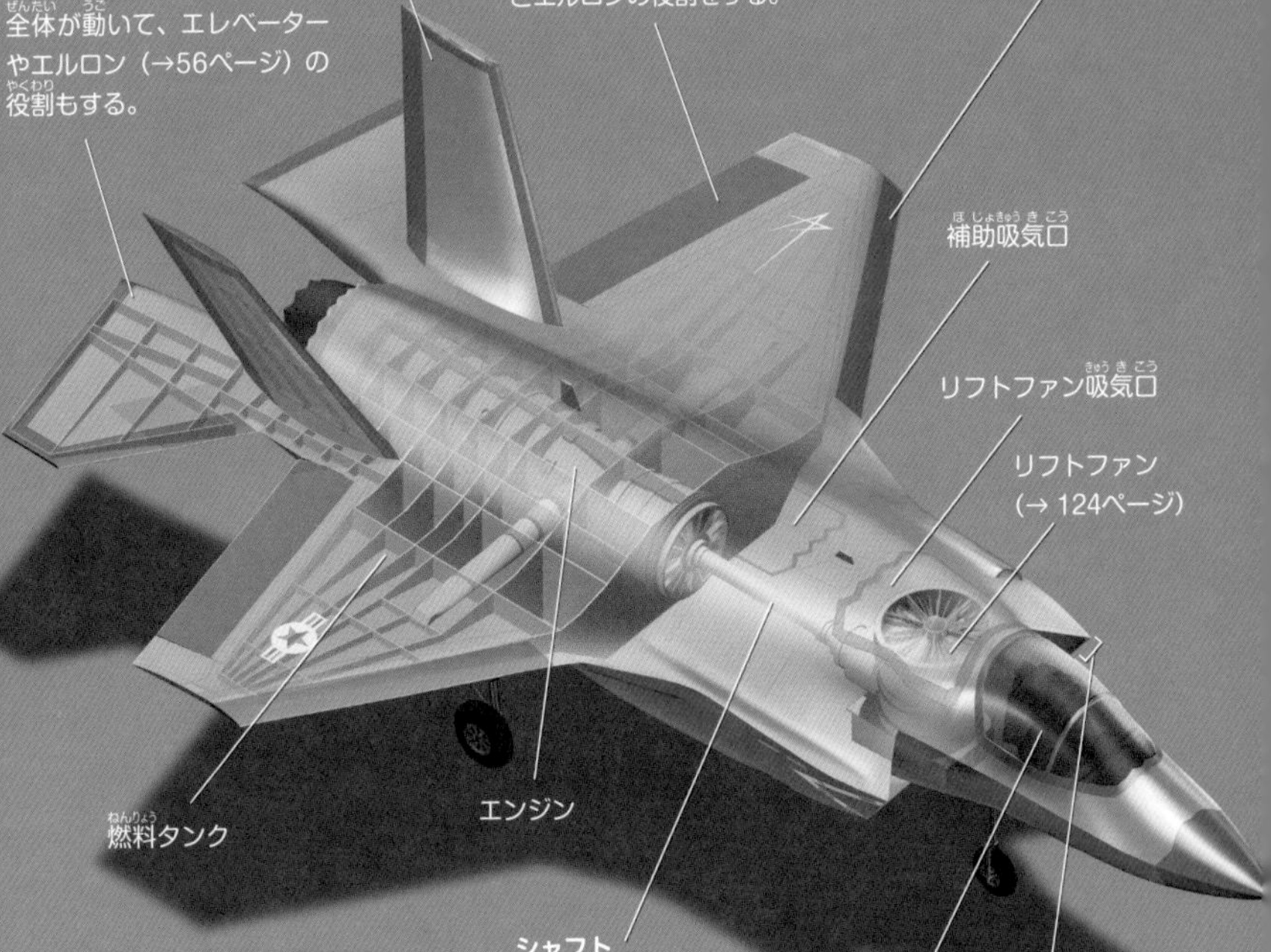
垂直尾翼《すいちょくびよく》
後《うし》ろの縁《ふち》にあるラダー（→56ページ）を左右《さゆう》で逆方向《ぎゃくほうこう》に動《うご》かすことで、空中《くうちゅう》でブレーキをかけることもできる。
前縁《ぜんえん》フラップ（スラット）
主翼《しゅよく》の前《まえ》の縁全体《ふちぜんたい》についた大《おお》きなフラップ。低速飛行《ていそくひこう》時《じ》に大《おお》きな揚力《ようりょく》（→52ページ）を生《う》み出《だ》し、すばやく離着陸《りちゃくりく》したり、進《すす》む方向《ほうこう》を変《か》えたりできる。
後縁《こうえん》フラッペロン
フラップ（→54ページ）とエルロンの役割《やくわり》をする。
水平尾翼《すいへいびよく》
全体《ぜんたい》が動《うご》いて、エレベーターやエルロン（→56ページ）の役割《やくわり》もする。
補助吸気口《ほじょきゅうきこう》
リフトファン吸気口《きゅうきこう》
リフトファン（→124ページ）
燃料《ねんりょう》タンク
エンジン
シャフト
リフトファンを動《うご》かす。
エアインテーク
エンジンへの空気《くうき》取《と》り入《い》れ口《くち》。
コックピット
スマホのように操作《そうさ》できるモニターが 2つ並《なら》ぶ。パイロットは、表示《ひょうじ》システムつきのヘルメットをかぶる。

F-35B ライトニングII

速《はや》く飛《と》ぶための
しくみが
いっぱいだね

もっと知《し》りたい

「クリップトデルタ」は「短《みじか》く切《き》りそろえられた三角《さんかく》」という意味《いみ》。

04 パワフルなエンジンで垂直着陸《すいちょくちゃくりく》ができるF-35B

前《まえ》のページでもあつかったF-35Bについて、もう少《すこ》し紹介《しょうかい》しましょう。たいていの戦闘機《せんとうき》には、旅客機《りょかくき》と同《おな》じターボファンエンジン（↓26ページ）に、エンジンから出《で》たガスに燃料《ねんりょう》を噴射《ふんしゃ》して燃《も》やす「アフターバーナー」という装置《そうち》がついています。F-35Bの場合《ばあい》は、アフターバーナーを使《つか》うと、機体《きたい》を前《まえ》に進《すす》める力《ちから》が12トンから19トンにアップします。

またF-35Bには、機体前方《きたいぜんぽう》に「リフトファン」、翼《つばさ》の下《した》に「ロールポスト」、エンジン後方《こうほう》に「排気《はいき》ノズル」というパーツがついています。

リフトファンが吸気口《きゅうきこう》から取《と》り入《い》れた空気《くうき》を、ロールポストがエンジンから出《で》た空気《くうき》を、それぞれ機体《きたい》の下《した》から噴出《ふんしゅつ》させます。

さらに排気《はいき》ノズルがエンジンの排《はい》ガスを下方向《したほうこう》に排出《はいしゅつ》させることで、F-35Bは垂直着陸《すいちょくちゃくりく》を行《おこな》うことができるのです。

着陸態勢《ちゃくりくたいせい》にはいった実際《じっさい》のF-35Bの機体下部《きたいかぶ》

全幅《ぜんぷく》：10.7m　最大速度《さいだいそくど》：マッハ1.6
全長《ぜんちょう》：15.6m　航続距離《こうぞくきょり》：1,667 km以上《いじょう》
全高《ぜんこう》：4.4m　最大定員《さいだいていいん》：1人《ひとり》

アフターバーナーのしくみ

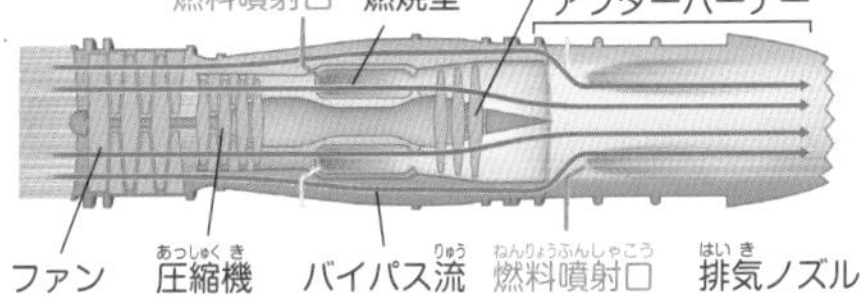

タービン
燃料噴射口《ねんりょうふんしゃこう》
燃焼室《ねんしょうしつ》
アフターバーナー
ファン
圧縮機《あっしゅくき》
バイパス流《りゅう》
燃料噴射口《ねんりょうふんしゃこう》
排気《はいき》ノズル

燃焼室《ねんしょうしつ》で高温《こうおん》・高圧《こうあつ》のガスつくられ、燃料《ねんりょう》や、燃焼室《ねんしょうしつ》を通《とお》らない空気《くうき》と混《ま》ざり、ふたたび燃《も》やされる。これにより、急加速《きゅうかそく》することができる

リフトファン吸気口《きゅうきこう》
ロールポスト

リフトファン
上《うえ》から空気《くうき》を吸《す》いこみ、ファンで加速《かそく》して下《した》から排出《はいしゅつ》することで、垂《すい》直着陸《ちょくちゃくりく》するときに機体《きたい》の姿勢《しせい》を保《たも》つ。

ロールポスト
垂直着陸《すいちょくちゃくりく》するときに、エンジンから圧縮《あっしゅく》した空気《くうき》を取《と》り出《だ》して噴出《ふんしゅつ》させる。

排気《はいき》ノズル（推力偏向《すいりょくへんこう》ノズル）
エンジンの排気《はいき》の向《む》きをかえる。

エンジン
「セラミックス基複合材料《きふくごうざいりょう》（CMC）」という軽《かる》くてじょうぶな素材《そざい》でできている。

もっと知《し》りたい

アフターバーナーは、「オーグメンター」や「リヒート」などともよばれる。

05 高性能《こうせいのう》なレーダーをもつ〝敵《てき》なし〟機《き》 F-15イーグル

F-15イーグルは、最大速度《さいだいそくど》マッハ2・5で飛《と》ぶことのできる戦闘機《せんとうき》です。理論上《りろんじょう》では、機体《きたい》を垂直《すいちょく》に立《た》てた状態《じょうたい》からロケットのように上昇《じょうしょう》することもできます。

F-15の機首《きしゅ》には、高性能《こうせいのう》なレーダーがおさめられていて、空中《くうちゅう》や地上《ちじょう》にひそむ敵機《てっき》をすばやく見《み》つけることができます。このような長所《ちょうしょ》から、F-15が撃墜《げきつい》されたケースはゼロとされています。

F-15J（航空自衛隊《こうくうじえいたい》）

全幅《ぜんぷく》：13.1 m
全長《ぜんちょう》：19.4 m
全高《ぜんこう》：5.6 m
最大速度《さいだいそくど》：マッハ2.5
航続距離《こうぞくきょり》：4,600 km
最大定員《さいだいていいん》：1人《ひとり》

F-15は、1976年《ねん》にはじめて運用《うんよう》が開始《かいし》されてから、初期《しょき》型《がた》の「F-15A/B」や、積《つ》める燃料《ねんりょう》の量《りょう》をふやした改良型《かいりょうがた》の「F-15C/D」、機体《きたい》を再設計《さいせっけい》して爆撃機《ばくげきき》（→134ページ）にした「F-15E」などが、1000機《き》以上《いじょう》生産《せいさん》されています。2021年《ねん》には、デジタル式《しき》フライ・バイ・ワイヤ（→50ページ）の採用《さいよう》や、積《つ》める兵器《へいき》の量《りょう》をアップした「F-15EXイーグルII」が、アメリカ空軍《くうぐん》に納入《のうにゅう》されています。

このF-15Jは日本《にほん》の
自衛隊専用《じえいたいせんよう》のモデル
なんだぜ
02-8916

もっと知《し》りたい

F-15には、片翼《かたよく》を失《うしな》った機体《きたい》が無事《ぶじ》に着陸《ちゃくりく》した事例《じれい》があり、性能《せいのう》の良《よ》さを物語《ものがた》る。

06 低価格《ていかかく》だけどとっても優秀《ゆうしゅう》なF-16

F-16ファイティング・ファルコンは、F-15(↓126ページ)の半分《はんぶん》程度《ていど》のコストで導入《どうにゅう》できる戦闘機《せんとうき》です。

1975年《ねん》にベトナム戦争《せんそう》が終結《しゅうけつ》したのち、アメリカ空軍《くうぐん》では、F-15のように「性能《せいのう》は良《よ》いけれど価格《かかく》が高《たか》い戦闘機《せんとうき》」と、「性能《せいのう》はそこそこでも価格《かかく》の安《やす》い新型《しんがた》の戦闘機《せんとうき》」の両方《りょうほう》を組《く》み合《あ》わせて使《つか》う「ハイロー・ミックス」という考《かんが》え方《かた》が提唱《ていしょう》されました。これにもとづいて開発《かいはつ》されたのがF-16です。

F-16は、軍用機《ぐんようき》としてははじめてアナログ式《しき》フライ・バイ・ワイヤ(↓50ページ)やサイドスティック(↓50ページ)など、当時《とうじ》の新技術《しんぎじゅつ》をたくさんを取《と》り入《い》れました。さらに、エンジンを1つにして、従来機《じゅうらいき》と部品《ぶひん》を同《おな》じにすることで、価格《かかく》を安《やす》くおさえることに成功《せいこう》しました。

F-16 Block70/72

全幅《ぜんぷく》：9.4 m
全長《ぜんちょう》：15.0 m
全高《ぜんこう》：5.1 m
最大速度《さいだいそくど》：マッハ2以上《いじょう》
航続距離《こうぞくきょり》：——
最大定員《さいだいていいん》：1人《ひとり》 / 2人《ふたり》

もっと知《し》りたい

F-16は生産開始《せいさんかいし》から40年以上《ねんいじょう》たった今《いま》でも3000機以上《きいじょう》が運用《うんよう》されている。

07 アクロバットが得意《とくい》なロシア機《き》 Su-27／Su-35S

Su-27とSu-35Sはロシア製《せい》の戦闘機《せんとうき》です。

Su-27は、F-15（↓126ページ）のようなてごわい敵機《てっき》を迎《むか》え撃《う》つために開発《かいはつ》され、1980年《ねん》ごろから運用《うんよう》されています。1980年代後半《ねんだいこうはん》からは、「カナード」とよばれる小《ちい》さな翼《つばさ》を追加《ついか》して電子機器《でんしきき》やソフトウェアを改良《かいりょう》した「Su-27M」や「Su-37」の開発《かいはつ》も進《すす》められましたが、たく

Su-35S
全幅《ぜんぷく》：14.7 m
全長《ぜんちょう》：21.9 m
全高《ぜんこう》：5.9 m
最大速度《さいだいそくど》：マッハ2.3
航続距離《こうぞくきょり》：3,600 km
最大定員《さいだいていいん》：1人《ひとり》

さんつくられることはありませんでした。

　2014年《ねん》になると、Su-27を大幅《おおはば》に進化《しんか》させた「Su-35S」の配備《はいび》がはじまりました。コックピット、電子機器《でんしきき》、ソフトウェア、機体《きたい》の素材《そざい》などを新《あたら》しくした高性《こうせい》能機《のうき》です。機首《きしゅ》を90度《ど》以上《いじょう》おこしながら失速《しっそく》せずに飛《と》びつづけ、ふたたび水平飛行《すいへいひこう》にもどる技《わざ》「コブラ」や、機体《きたい》を垂直《すいちょく》におこしてそのまま後方宙《こうほうちゅう》がえりをする「クルビット」をこなすことができます。

もっと知《し》りたい

「クルビット」はロシア語《ご》で「宙《ちゅう》がえり」という意味《いみ》。

08

個性豊《こせいゆた》かなヨーロッパの戦闘機《せんとうき》たち

ここでは、ヨーロッパを代表《だいひょう》する戦《せん》闘機《とうき》をいくつか紹介《しょうかい》します。

まずは、複数《ふくすう》の国《くに》が共同《きょうどう》で開発《かいはつ》した「ユーロファイター」です。共同開発《きょうどうかいはつ》プログラムには、当初《とうしょ》はイギリス、ドイツ、イタリア、スペイン、フランスが参加《さんか》していましたが、のちに開発《かいはつ》に対《たい》する方向性《ほうこうせい》のちがいからフランスが離脱《りだつ》しました。その後《ご》も何度《なんど》か計画《けいかく》が変更《へんこう》になったり停滞《ていたい》したりしましたが、2003年《ねん》にようやく運用《うんよう》を開《かい》始《し》できました。

一方《いっぽう》、開発《かいはつ》から離脱《りだつ》したフランスは、独自《どくじ》に「ラファール」という戦闘《せんとう》機《き》をつくりました。こちらは空母《くうぼ》で運《うん》用《よう》するため、ユーロファイターよりやや小《ちい》さい機種《きしゅ》となっています。

北欧《ほくおう》では、スウェーデンが「グリペン」という戦闘機《せんとうき》をつくっています。軽量《けいりょう》で小型《こがた》の機体《きたい》はコストパフォーマンスがよく、海外《かいがい》へも輸出《ゆしゅつ》されています。

ユーロファイター・イギリス空軍《くうぐん》

全幅《ぜんぷく》：11.0 m
全長《ぜんちょう》：16.0 m
全高《ぜんこう》：5.3 m
最大速度《さいだいそくど》：マッハ1.8
最大定員《さいだいていいん》：1人《ひとり》 / 2人《ふたり》

ラファール・フランス空軍《くうぐん》

全幅《ぜんぷく》：10.9 m
全長《ぜんちょう》：15.3 m
全高《ぜんこう》：5.3 m
最大速度《さいだいそくど》：マッハ1.8
最大定員《さいだいていいん》：1人《ひとり》 / 2人《ふたり》

グリペン・スウェーデン空軍《くうぐん》

全幅《ぜんぷく》：8.6 m
全長《ぜんちょう》：15.2 m（Fシリーズは15.9 m）
全高《ぜんこう》：—
最大速度《さいだいそくど》：マッハ2.0
最大定員《さいだいていいん》：1人《ひとり》（Fシリーズは2人《ふたり》）

もっと知《し》りたい

ユーロファイターは、ドイツとイタリア以外《いがい》では「タイフーン」とよばれている。

やすみじかん

チームでミッション！ 軍用機図鑑《ぐんようきずかん》

戦闘機《せんとうき》以外《いがい》にも、軍隊《ぐんたい》で活躍《かつやく》する飛行機《ひこうき》はたくさんあります。ここではその一部《いちぶ》を紹介《しょうかい》します。

敵《てき》の飛行機《ひこうき》と戦《たたか》ったり、味方《みかた》を護衛《ごえい》したりする。

大量《たいりょう》の爆弾《ばくだん》などを積《つ》み、地上《ちじょう》の目標《もくひょう》を攻撃《こうげき》する。

攻撃機《こうげきき》

地上《ちじょう》や海上《かいじょう》の敵機《てっき》を攻撃《こうげき》する。自衛隊《じえいたい》では「支援戦闘機《しえんせんとうき》」とよぶ。

空中給油機《くうちゅうきゅうゆき》

飛行中《ひこうちゅう》の戦闘機《せんとうき》に給油《きゅうゆ》する。人《ひと》や貨物《かもつ》を運《はこ》ぶこともある。

やすみじかん

空中警戒管制《くうちゅうけいかいかんせい》機《き》

空中《くうちゅう》を監視《かんし》・警戒《けいかい》したり、地上《ちじょう》からの支援《しえん》がむずかしい場所《ばしょ》で指揮《しき》をとったりする。

人《ひと》（兵士《へいし》）や戦車《せんしゃ》・軍用車両《ぐんようしゃりょう》などを遠隔地《えんかくち》へと運《はこ》ぶための「戦略輸送機《せんりゃくゆそうき》」と、短《みじか》い距離《きょり》を運《はこ》ぶための「戦術輸送機《せんじゅつゆそうき》」がある。

偵察機《ていさつき》

カメラやレーダーなどで、
敵地《てきち》の情報収集《じょうほうしゅうしゅう》を行《おこな》う。

哨戒機《しょうかいき》

主《おも》に海上《かいじょう》の監視《かんし》や情報収集《じょうほうしゅうしゅう》を行《おこな》う。

輸送機《ゆそうき》

09

緊急時《きんきゅうじ》に活躍《かつやく》！国《くに》のトップを運《はこ》ぶ「政府専用機《せいふせんようき》」

大統領《だいとうりょう》や内閣総理大臣《ないかくそうりだいじん》、皇族《こうぞく》など、国《くに》のえらい人《ひと》が海外《かいがい》を訪《おとず》れる際《さい》などに使《つか》うのが「政府専用機《せいふせんようき》」です。現在《げんざい》の「日本国政府専用機《にっぽんこくせいふせんようき》(Japanese Air Force One/Two)」は2代目《だいめ》で、B777(↓78ページ)をベースにつくられています。

初代《しょだい》はB747(↓82ページ)をもとにつくられ、1992年《ねん》から2019年《ねん》まで運用《うんよう》されま

日本国政府専用機《にっぽんこくせいふせんようき》は
“空飛《そらと》ぶ官邸《かんてい》”とも
よばれているよ

初代《しょだい》の貴賓室《きひんしつ》
＊石川県立航空《いしかわけんりつこうくう》プラザで展示中《てんじちゅう》

した。えらい人《ひと》を乗《の》せるだけでなく、海外援助活動《かいがいえんじょかつどう》や国際平和協力《こくさいへいわきょうりょく》活動《かつどう》、緊急時《きんきゅうじ》の在外日本人《ざいがいにっぽんじん》の輸送《ゆそう》など、合計《ごうけい》349回出動《かいしゅつどう》しました。2階《かい》が乗務員《じょうむいん》などの控《ひか》え室《しつ》、1階《かい》が要人《ようじん》のためのスペースになっていて、革張《かわば》りのソファや大型《おおがた》モニター、執務用《しつむよう》の机《つくえ》、衛星電《えいせいでん》話《わ》、シャワーなどを備《そな》えた貴賓室《きひんしつ》をはじめ、夫人室《ふじんしつ》、秘書官室《ひしょかんしつ》、会《かい》議室《ぎしつ》、事務室《じむしつ》、随行員室《ずいこういんしつ》、一般客《いっぱんきゃく》室《しつ》が設置《せっち》されています。なお定員《ていいん》は、150人程度《にんていど》でした。

日本国政府専用機《にっぽんこくせいふせんようき》

全幅《ぜんぷく》：64.8 m
全長《ぜんちょう》：73.9 m
全高《ぜんこう》：18.9 m
巡航速度《じゅんこうそくど》：925 km/h
航続距離《こうぞくきょり》：14,000 km
座席数《ざせきすう》：約《やく》150席《せき》
B9N 01L-19R

もっと知りたい

日本国政府専用機《にっぽんこくせいふせんようき》で働《はたら》くパイロットや客室乗務員《きゃくしつじょうむいん》は、航空自衛官《こうくうじえいかん》が務《つと》める。

やすみじかん

空《そら》飛《と》ぶ指揮拠点《しききょてん》ナイトウォッチ

アメリカ大統領専用機《だいとうりょうせんようき》「エアフォースワン(VC-25A)」が国外《こくがい》を訪《おとず》れる際《さい》、必《かなら》ずいっしょに飛《と》んでくるのがE-4B、通称《つうしょう》「ナイトウォッチ」です。首都《しゅと》ワシントンDCに核攻撃《かくこうげき》の危機《きき》が迫《せま》ったときに、大統領《だいとうりょう》などの重要《じゅうよう》なメンバーを空《そら》に退避《たいひ》させて指揮《しき》をとるためにつくられました。電磁場《でんじば》シールドを貼《は》るなど、いろいろな攻撃対策《こうげきたいさく》が盛《も》りこまれています。

災害《さいがい》がおこったときの、指揮拠点《しききょてん》にもなるんだって
UNITED STATES OF AMERICA

5
じかんめ

「むかしの飛行機《ひこうき》」と「未来《みらい》の飛行機《ひこうき》」

飛行機《ひこうき》が発明《はつめい》されてから、およそ１２０年《ねん》。その間《あいだ》に、飛行機《ひこうき》は大《おお》きく姿《すがた》をかえてきました。そして、これからも進化《しんか》をつづけます。飛行機《ひこうき》の歴史《れきし》と、現在開発中《げんざいかいはつちゅう》の未来《みらい》の飛行機《ひこうき》について見《み》ていきましょう。

01 1903年《ねん》 ライト兄弟《きょうだい》が人類初《じんるいはつ》の動力飛行《どうりょくひこう》に成功《せいこう》する

世界《せかい》ではじめて飛行機《ひこうき》に乗《の》って空《そら》を飛《と》んだのは、自動車店《じどうしゃてん》をいとなんでいた兄《あに》ウィルバーと弟《おとうと》オービルのライト兄弟《きょうだい》です。

子《こ》どものころから空《そら》を飛《と》ぶことにあこがれていたライト兄弟《きょうだい》は、1900年《ねん》からグライダー（動力《どうりょく》のない翼《つばさ》だけの乗《の》り物《もの》）をつくりはじめましたが、思《おも》うような成果《せいか》は得《え》られませんでした。そこで、「風洞《ふうどう》」とよばれる実験装置《じっけんそうち》をつくり、飛行機《ひこうき》の翼《つばさ》が生《う》み出《だ》す揚力《ようりょく》（↓52ページ）と空気抵抗《くうきていこう》を測定《そくてい》しました。それから、グライダーで1000回《かい》も飛行実験《ひこうじっけん》をくりかえし、操縦技術《そうじゅうぎじゅつ》をみがきました。

そして1903年《ねん》12月《がつ》17日《にち》午前《ごぜん》10時《じ》35分《ふん》、グライダーにエンジンとプロペラを取《と》りつけた「ライト・フライヤー号《ごう》」が、弟《おとうと》オービルの操縦《そうじゅう》で約《やく》36メートルの距離《きょり》を12秒間《びょうかん》飛《と》びました。これが、人類《じんるい》がはじめて飛行機《ひこうき》で空《そら》を飛《と》んだ記録《きろく》です。

ライト・フライヤー号《ごう》

ライト兄弟《きょうだい》が自作《じさく》したライト・フライヤー号《ごう》には、さまざまなくふうが盛《も》りこまれている。なかでもすぐれているのが、主翼《しゅよく》をねじることで機体《きたい》を傾《かたむ》けて旋回《せんかい》を行《おこな》うしくみであろう。この、機体《きたい》の姿勢《しせい》を3次元《じげん》（上下《しょうげ》・左右《さゆう》・前後方向《ぜんごほうこう》）で制御《せいぎょ》しようとする視点《してん》は、現代《げんだい》の飛行機《ひこうき》にも通《つう》じるものだ。

全幅《ぜんぷく》：12.3 m
全長《ぜんちょう》：6.4 m
全高《ぜんこう》：2.8 m
最大離陸重量《さいだいりりくじゅうりょう》：340 kg

エンジン
ガソリンエンジンで、重量《じゅうりょう》は90キログラム。兄弟《きょうだい》の助手《じょしゅ》であり技師《ぎし》であったチャールズ・テイラーの助《たす》けを借《か》りて自作《じさく》した。

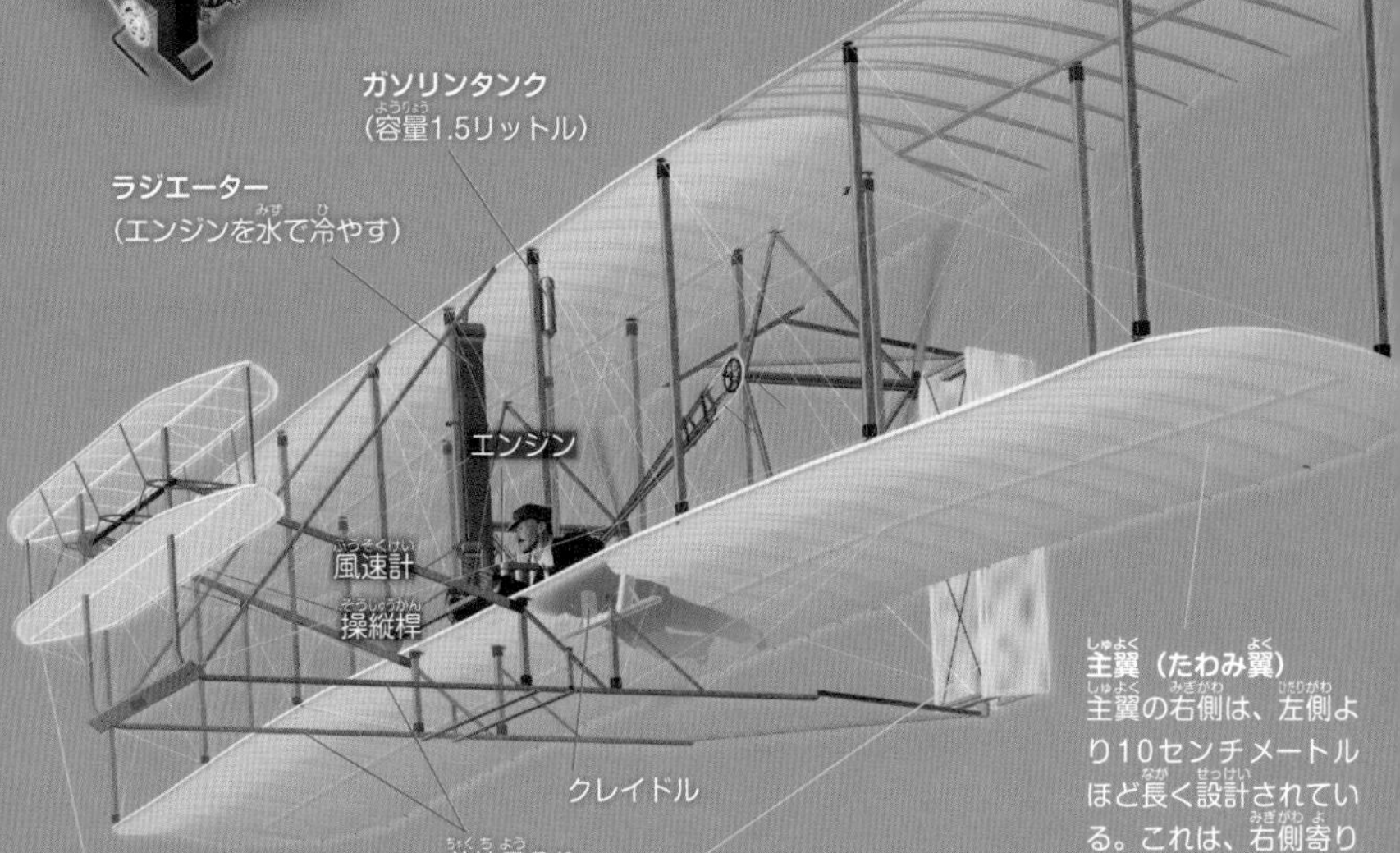
ガソリンタンク
（容量《ようりょう》1.5リットル）
ラジエーター
（エンジンを水《みず》で冷《ひ》やす）
エンジン
風速計《ふうそくけい》
操縦桿《そうじゅうかん》
クレイドル
着地用《ちゃくちよう》そり

主翼《しゅよく》（たわみ翼《よく》）
主翼《しゅよく》の右側《みぎがわ》は、左側《ひだりがわ》より10センチメートルほど長《なが》く設計《せっけい》されている。これは、右側《みぎがわ》寄《よ》りに配置《はいち》されたエンジンの重《おも》みを打《う》ち消《け》す（揚《よう》力《りょく》を高《たか》める）ためだ。

昇降舵《しょうこうだ》
機体《きたい》の上昇《じょうしょう》・下降《かこう》をコントロールする。

方向舵《ほうこうだ》
旋回時《せんかいじ》の機体《きたい》の横《よこ》すべりを防《ふせ》いだり、飛行時《ひこうじ》に横方向《よこほうこう》の安定《あんてい》をもたらしたり（＝垂直尾翼《すいちょくびよく》としてのはたらき）する。

操縦席《そうじゅうせき》
「クレイドル」（ゆりかご）とよばれる部分《ぶぶん》に腰《こし》をのせ、腹《はら》ばいになって操縦《そうじゅう》する。

飛行実験《ひこうじっけん》は大《おお》きな
砂丘《さきゅう》の上《うえ》で行《おこな》われ
たんだって

もっと知《し》りたい

飛行機《ひこうき》に先《さき》んじて、気球《ききゅう》（熱気球《ねつききゅう》）は1783年《ねん》に初飛行《はつひこう》に成功《せいこう》している。

02 実《じつ》はライト兄弟《きょうだい》より前《まえ》に飛行機《ひこうき》を考《かんが》え出《だ》していた二宮忠八《にのみやちゅうはち》

ライト兄弟《きょうだい》（↓１４２ページ）がライト・フライヤー号《ごう》をつくる10年《ねん》以《い》上《じょう》も前《まえ》に、実《じつ》は日本《にほん》にも空《そら》飛《と》ぶ乗《の》り物《もの》を考《かんが》え出《だ》した人《ひと》がいました。

それが二宮忠八《にのみやちゅうはち》です。忠八《ちゅうはち》は、カラスが翼《つばさ》を広《ひろ》げたまま飛《と》んでいるようすを観察《かんさつ》し、羽根《はね》の角度《かくど》を調節《ちょうせつ》して揚力《ようりょく》（↓52ページ）を得《え》ていることに気《き》づきました。さらに、タマムシが外側《そとがわ》のかたい羽根《はね》を広《ひろ》げたまま飛《と》び上《あ》がり、内側《うちがわ》のやわらかい羽根《はね》を細《こま》かく動《うご》かして飛《と》んでいるようすも観察《かんさつ》しました。

忠八《ちゅうはち》は、１８９１年《ねん》にカラス型《がた》、１８９３年《ねん》にタマムシ型《がた》の「飛行器《ひこうき》」を設計《せっけい》し、開発《かいはつ》するための資金《しきん》を集《あつ》めはじめました。しかし、あと一歩《いっぽ》というところでライト兄弟《きょうだい》が初《はつ》飛行《ひこう》に成功《せいこう》したというニュースを聞《き》き、悔《くや》しさのあまり諦《あきら》めてしまったそうです。

その後《ご》、忠八《ちゅうはち》の考《かんが》えた「飛行器《ひこうき》」の理論《りろん》は正《ただ》しかったと認《みと》められ、今《いま》では「日本《にほん》の航空機《こうくうき》の父《ちち》」とよばれています。

飛行器《ひこうき》の設計図《せっけいず》を
えらい人《ひと》に見《み》せたけど、
取《と》りあってもらえ
なかったんだって!
そのときに開発《かいはつ》できて
いれば世界初《せかいはつ》だった
のになぁ

二宮忠八《にのみやちゅうはち》（1866~1936）

現在《げんざい》の愛媛県《えひめけん》で、海産物問屋《かいさんぶつどんや》の家《いえ》に生《う》まれた。子《こ》どものころから凧《たこ》をつくるのが上手《じょうず》で、15歳《さい》のときには鳥《とり》や扇《おうぎ》などユニークな形《かたち》をした凧《たこ》を売《う》って学費《がくひ》をかせいでいたと言《い》う。
(写真提供《しゃしんていきょう》:飛行神社《ひこうじんじゃ》)

二宮式飛行器《にみやしきひこうき》の構造《こうぞう》

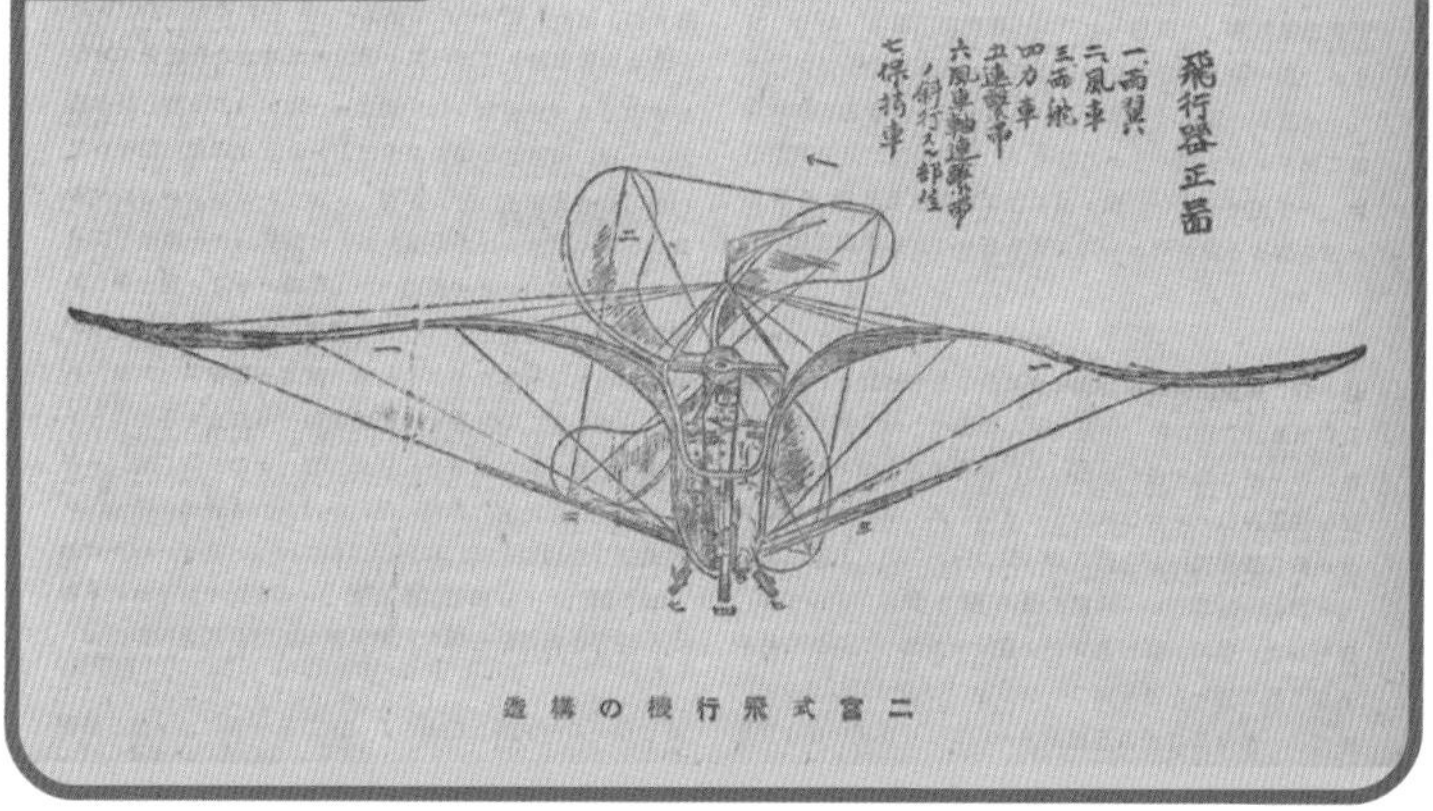
飛行器正面
一両翼
二風車
三両舵
四力車
五連繋帯
六風車軸連繋帯ノ斜行スル部位
七保持車
二宮式飛行機の構造

『帝国飛行《ていこくひこう》』に掲載《けいさい》された、上申書《じょうしんしょ》に添《そ》えられた飛行器《ひこうき》の説明図《せつめいず》。(一《いち》) 両翼《りょうよく》、(二《に》) 風車《ふうしゃ》(プロペラ)、(三《さん》) 両舵《りょうかじ》、(四《よん》) 力車《りきしゃ》(滑走《かっそう》するための車輪《しゃりん》)、(五《ご》) 連携帯《れんけいたい》、(六《ろく》) 風車軸連携帯《ふうしゃじくれんけいたい》の斜行《しゃこう》する部位《ぶい》(不明《ふめい》)、(七《なな》) 保持車《ほじしゃ》(補助車輪《ほじょしゃりん》) と、図《ず》に番号《ばんごう》をふって説明《せつめい》している。

もっと知《し》りたい

晩年《ばんねん》、忠八《ちゅうはち》は飛行機《ひこうき》で遭難《そうなん》した人《ひと》を慰霊《いれい》するために「飛行神社《ひこうじんじゃ》」を創建《そうけん》した。

03

1910年《ねん》 日本《にほん》の空《そら》をはじめてエンジンつきの飛行機《ひこうき》が飛《と》んだ

ライト兄弟《きょうだい》（↓142ページ）の初飛行《はつひこう》以来《いらい》、日本《にほん》でも飛行機《ひこうき》の研究《けんきゅう》・開発《かいはつ》が必要《ひつよう》だと認識《にんしき》されるようになりました。

1909年《ねん》に、フランスの留学《りゅうがく》生《せい》プリウール（1885～1963）が、東京《とうきょう》の上野《うえの》でグライダーを使《つか》って飛《と》ぶことに成功《せいこう》しました。しかし、エンジンがついた飛行機《ひこうき》での飛行《ひこう》は、日本《にほん》ではまだ成功《せいこう》したことがありませんでした。そこ

ル・プリウール2号《ごう》

1909年《ねん》、プリウールのつくったグライダー「ル・プリウール2号《ごう》」は、自動車《じどうしゃ》で引《ひ》っぱられながら数《すう》メートルの高《たか》さを100メートルほど飛《と》んだ。

で、陸軍《りくぐん》から日野熊蔵《ひのくまぞう》（1878～1946）と徳川好敏《とくがわよしとし》（1884～1963）がヨーロッパに派遣《はけん》されました。

1910年《ねん》、日野《ひの》はドイツで「ハンス・グラーデ機《き》」を、徳川《とくがわ》はフランスで「アンリ・ファルマン機《き》」をそれぞれ買《か》いました。そして、東京《とうきょう》の代々木練兵場《よよぎれんぺいじょう》（現在《げんざい》の代々木公園《よよぎこうえん》）で試験飛行《しけんひこう》が行《おこな》われ、2機《き》はみごとに大空《おおぞら》を飛《と》んでみせました。これが、日本《にほん》ではじめて動力飛行《どうりょくひこう》（エンジンつきの飛行機《ひこうき》による飛行《ひこう》）が成功《せいこう》した瞬間《しゅんかん》です。

アンリ・ファルマン機《き》

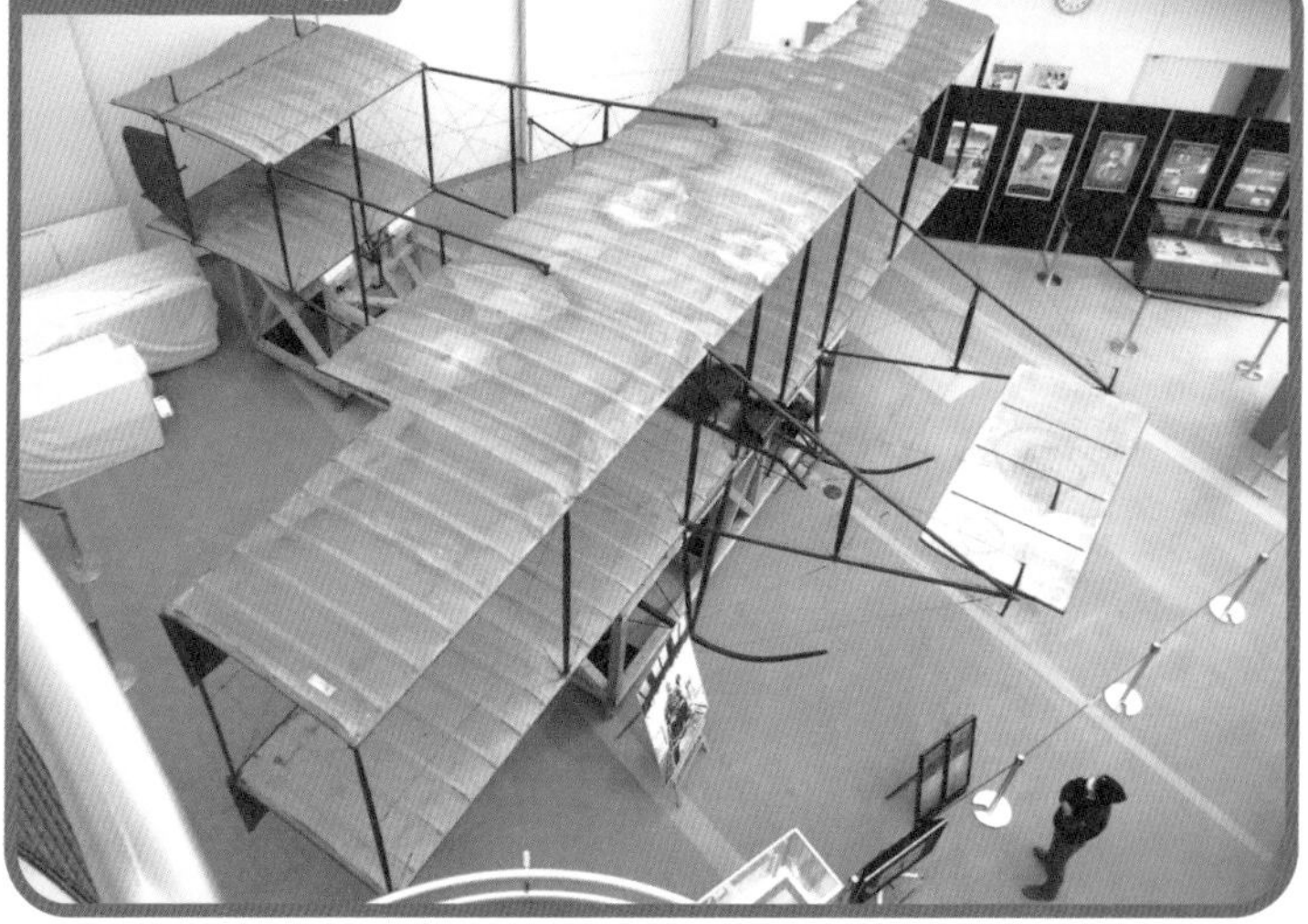

所沢航空発祥記念館《ところざわこうくうはっしょうきねんかん》で、2022年《ねん》2月《がつ》まで展示《てんじ》されていた実際《じっさい》の機体《きたい》。
(協力《きょうりょく》:所沢航空発祥記念館《ところざわこうくうはっしょうきねんかん》 所有《しょゆう》:防衛省《ぼうえいしょう》 航空自衛隊《こうくうじえいたい》)

もっと知《し》りたい

アンリ・ファルマン機《き》のように主翼《しゅよく》が2枚《まい》ある飛行機《ひこうき》を「複葉機《ふくようき》」と言《い》う。

04

1911年《ねん》 奈良原三次《ならはらさんじ》が最初《さいしょ》の国産飛行機《こくさんひこうき》をつくった

　前《まえ》のページで紹介《しょうかい》した日野《ひの》や徳《とく》川《がわ》がヨーロッパに飛行機《ひこうき》を買《か》いつけに行《い》っている時期《じき》に、日本《にほん》ではみずからの手《て》で飛行機《ひこうき》をつくろうとしている人《ひと》がいました。海軍《かいぐん》の奈良原三次《ならはらさんじ》です。

　奈良原《ならはら》がつくった一号機《いちごうき》は残念《ざんねん》ながら失敗《しっぱい》しましたが、二号機《にごうき》は4メートルの高《たか》さを60メートルほど飛《と》ぶことに成功《せいこう》しました。

1911年《ねん》、埼玉《さいたま》の所沢《ところざわ》でのこ

民間航空発祥《みんかんこうくうはっしょう》の地《ち》

かつて稲毛飛行場《いなげひこうじょう》があった海岸《かいがん》は、現在《げんざい》埋《う》め立《た》てられて稲岸公園《いなぎしこうえん》となっている（千葉県美浜区《ちばけんみはまく》）。写真《しゃしん》に写《うつ》っているのは、民間航《みんかんこう》空発祥《くうはっしょう》の地《ち》を示《しめ》す記念碑《きねんひ》。

稲毛飛行場《いなげひこうじょう》は、最初《さいしょ》は丸太《まるた》とよしずで格納庫《かくのうこ》をつくっただけの簡素《かんそ》な場所《ばしょ》だったみたい

とです。

奈良原《ならはら》は、軍隊《ぐんたい》を辞《や》めたあとも飛行機《ひこうき》づくりに励《はげ》みましたが、軍《ぐん》の飛行場《ひこうじょう》をなかなか借《か》りられなくなりました。

「それなら自分《じぶん》で飛行場《ひこうじょう》をつくってしまえばいい」

そう思《おも》い立《た》った奈良原《ならはら》は、千葉《ちば》の稲毛《いなげ》にある海岸《かいがん》に日本初《にほんはつ》の民間《みんかん》飛行場《ひこうじょう》をつくりました。そこを拠《きょ》点《てん》に、パイロットの育成《いくせい》や、各地《かくち》をめぐって航空《こうくう》ショーを行《おこな》い、日《に》本《ほん》の航空界《こうくうかい》の発展《はってん》に貢献《こうけん》しました。

奈良原三次《ならはらさんじ》がつくった飛行機《ひこうき》

奈良原《ならはら》の飛行機《ひこうき》は5つ製作《せいさく》された。写真《しゃしん》は4番目《ばんめ》につくられた機体《きたい》で、「鳳号《おおとりごう》」と名《な》づけられた。

もっと知《し》りたい

稲毛飛行場《いなげひこうじょう》では、引《ひ》き潮《しお》のときにあらわれる広大《こうだい》な干潟《ひがた》が滑走路《かっそうろ》に使《つか》われた。

やすみじかん

無敵《むてき》といわれた国産戦闘機《こくさんせんとうき》「ゼロ戦《せん》」

ここでは、国産《こくさん》の有名《ゆうめい》な戦闘機《せんとうき》を紹介《しょうかい》します。その名《な》も「零式艦上戦闘機《れいしきかんじょうせんとうき》」。現在《げんざい》は「ゼロ戦《せん》」と言《い》うよび方《かた》が広《ひろ》く知《し》られています。

1937年《ねん》、日中戦争《にっちゅうせんそう》がはじまると、海軍《かいぐん》は新《あら》たな戦闘機《せんとうき》をつくるよう各飛行機会社《かくひこうきがいしゃ》に要求《ようきゅう》しました。しかしそれは、重《おも》い機関砲《きかんほう》を搭載《とうさい》しながら、十分《じゅうぶん》な速《はや》さで身軽《みがる》に飛《と》びまわり、しかも長《なが》い距離《きょり》を飛《と》べなければならないと言《い》う、むずかしい内容《ないよう》でした。

この“無理難題《むりなんだい》”とも言《い》える戦闘機《せんとうき》を完成《かんせい》させたのが、堀越二郎《ほりこしじろう》です。

堀越《ほりこし》は、翼《つばさ》の先端《せんたん》に角度《かくど》をつける当時《とうじ》の最新技術《さいしんぎじゅつ》で空気抵抗《くうきていこう》を減《へ》らし、速《はや》く飛《と》べるようにしました。また、使《つか》い捨《す》ての燃料《ねんりょう》タンクを取《と》りつけることで、飛《と》べる距離《きょり》を一気《いっき》にのばしました。

ほかにも、座席《ざせき》に穴《あな》を開《あ》けたり、パイロットを銃弾《じゅうだん》から守《まも》る「防弾板《ぼうだんばん》」の設置《せっち》をやめたりして、徹底的《てっていてき》に機体《きたい》を軽《かる》くしました。

こうして完成《かんせい》したゼロ戦《せん》の性能《せいのう》はすさまじく、太平洋戦争《たいへいようせんそう》の途中《とちゅう》まで敵《てき》に恐《おそ》れられました。日本《にほん》はけっきょく敗戦《はいせん》しましたが、今《いま》も世界中《せかいじゅう》で評価《ひょうか》されている戦闘機《せんとうき》です。

ゼロ戦《せん》（零式艦上戦闘機《れいしきかんじょうせんとうき》）
累計《るいけい》1万《まん》機《き》以上《いじょう》が生産《せいさん》されたとされる。正《ただ》しい読《よ》み方《かた》は「れいせん」だが、戦時中《せんじちゅう》にアメリカ軍《ぐん》から「ゼロ・ファイター（ZeroFighter）」などとよばれたことから「ぜろせん」が通称《つうしょう》となった。

05

1900年代前半《ねんだいぜんはん》 ピストンで動《うご》くレシプロエンジンの時代《じだい》

20世紀《せいき》に入《はい》ってすぐ登場《とうじょう》した飛《ひ》行機《こうき》ですが、人《ひと》を乗《の》せて運《はこ》ぶ「旅《りょ》客機《かっき》」が登場《とうじょう》するのは1933年《ねん》になってからのことです。ボーイング社《しゃ》がつくった「247」は、最大《さいだい》10人《にん》の乗客《じょうきゃく》を乗《の》せられるレシプロ機《き》でした。

レシプロ機《き》とは、レシプロエンジン（ピストンエンジン）で動《うご》く飛行機《ひこうき》です。筒《つつ》の中《なか》をピストンという棒状《ぼうじょう》の部品《ぶひん》が往復《おうふく》することで

377ストラトクルーザー

377ストラトクルーザー（アメリカン・オーバーシーズ・エアラインズ）
豪華《ごうか》な設備《せつび》から「空飛《そらと》ぶホテル」などともよばれたが、運航《うんこう》コストの高《たか》さや故障《こしょう》の多《おお》さなどから生産《せいさん》は58機《き》にとどまり、成功《せいこう》しなかった。

圧縮《あっしゅく》した燃料《ねんりょう》と空気《くうき》に火《ひ》をつけ、プロペラを回《まわ》して飛《と》びます。

さて、247と同《どう》時《じ》代《だい》に活躍《かつやく》したのが、アメリカのダグラス・エアクラフト社《しゃ》が開発《かいはつ》したDC-3です。247よりも多《おお》い21人《にん》を乗《の》せることができ、1万《まん》機《き》以《い》上《じょう》も売《う》れる大《だい》ヒットとなりました。

ボーイング社《しゃ》の「377ストラトクルーザー」は、1947年《ねん》に登場《とうじょう》しました。一部《いちぶ》が2階建《かいだ》てになっていて、客席《きゃくせき》やベッド、広《ひろ》い化粧室《けしょうしつ》、ラウンジなど、豪華《ごうか》な設備《せつび》が備《そな》えられていました。

DC-3（フィンランド航空《こうくう》）

もともとは寝台《しんだい》(ベッド)を備《そな》えるつもりで設計《せっけい》された。そのため胴《どう》の幅《はば》が大《おお》きくなり、従来機《じゅうらいき》より多《おお》くの座席《ざせき》を設《もう》けることができた。

もっと知《し》りたい

「377」はのちにスーパーグッピー（→118）のベースになった。

06 1900年代《ねんだい》後半《こうはん》 エンジンが進化《しんか》してジェット旅客《りょかっ》機《き》ができる

1950年代《ねんだい》前半《ぜんはん》から主流《しゅりゅう》となっていったのがジェットエンジンで動《うご》くジェット旅客《りょかっ》機《き》です。

世界初《せかいはつ》のジェット旅客《りょかっ》機《き》として知《し》られるのが、1952年《ねん》に運航《うんこう》をはじめたイギリスのデ・ハビラント社《しゃ》の「DH-106 コメット」です。4つのターボジェットエンジン（↓26ページ）を翼《つばさ》の中《なか》に搭載《とうさい》し、レシプロ機《き》の2〜3倍《ばい》のスピードが出《だ》せました。

1960年代《ねんだい》には、旧《きゅう》ソ連《れん》のツポレフ設計局《せっけいきょく》が開発《かいはつ》した「Tu-154」などの三発《さんぱつ》機《き》（エンジンを3つもつ機《き》種《しゅ》）が活躍《かつやく》しました。

1970年代《ねんだい》は、マクドネル・ダグラス社《しゃ》の「DC-10」など、通路《つうろ》が2つある機種《きしゅ》が大《だい》ヒットしました。

1980年代《ねんだい》には、グラスコックピット（↓48ページ）を搭載《とうさい》したB767（↓80ページ）が、1990年代《ねんだい》にはB777（↓78ページ）が登場《とうじょう》します。

ジェット時代《じだい》の幕開《まくあ》けに活躍《かつやく》した飛行機《ひこうき》

DC-10（レイカー航空《こうくう》）

長《なが》い距離《きょり》を飛《と》ぶ飛行機《ひこうき》は
エンジンが3つか4つついていたよ。
今《いま》はエンジンの性能《せいのう》が上《あ》がった
から2つであることが多《おお》いんだ。

Tu-154（UTエア）

エンジンが翼《つばさ》の中《なか》に
入《はい》ってるんだな

DH-106 コメット（ダンエア・ロンドン）

もっと知《し》りたい

世界初《せかいはつ》のターボプロップ(→102ページ)旅客機《りょかっき》は1948年《ねん》に初飛行《はつひこう》した。

07 1962年《ねん》 戦後《せんご》の日本初《にほんはつ》の旅客機《りょかっき》YS-11が飛《と》んだ

第二次世界大戦《だいにじせかいたいせん》に敗戦《はいせん》した日本《にほん》は、しばらく飛行機《ひこうき》に関《かん》する研究《けんきゅう》が禁止《きんし》されていましたが、1952年以降《ねんいこう》はまたできるようになりました。

1957年《ねん》、「財団法人輸送機《ざいだんほうじんゆそうき》設計研究協会《せっけいけんきゅうきょうかい》」が設立《せつりつ》され、堀越《ほりこし》二郎《じろう》（↓150ページ）などの優秀《ゆうしゅう》な技術者《ぎじゅつしゃ》たちが集《あつ》まり、戦後《せんご》初《はつ》の国産旅客機《こくさんりょかっき》の開発《かいはつ》に取《と》り組《く》みました。

1974年《ねん》の生産中止《せいさんちゅうし》までに計《けい》182機《き》が製造《せいぞう》され、アメリカやフィリピンなどにも75機《き》が輸出《ゆしゅつ》された。写真《しゃしん》は、埼玉県《さいたまけん》の所沢航空記念公園《ところざわこうくうきねんこうえん》に展示《てんじ》されているYS-11A-500R(管理《かんり》:所沢航空発祥記念館《ところざわこうくうはっしょうきねんかん》)。

また日本製《にほんせい》の旅客機《りょかっき》がつくられるといいなぁ

1959年《ねん》、協会《きょうかい》が役目《やくめ》を終《お》えて解散《かいさん》すると、開発《かいはつ》は「日本航《にほんこう》空機製造株式会社《くうきせいぞうかぶしきがいしゃ》」に引《ひ》き継《つ》がれました。そこでは、堀越《ほりこし》の弟子《でし》の東條輝雄《とうじょうてるお》（1914〜2012）がリーダーとなりました。

技術者《ぎじゅつしゃ》たちが懸命《けんめい》に開発《かいはつ》・改修《かいしゅう》を進《すす》めたおかげで完成《かんせい》したのが、ターボプロップ旅客機《りょかっき》「YS-11」です。1965年《ねん》にアメリカ連《れん》邦航空局《ぼうこうくうきょく》（FAA）の承認《しょうにん》を得《え》て、ついに運航《うんこう》が開始《かいし》されました。その後《ご》、2006年《ねん》に旅客機《りょかっき》としての役目《やくめ》を終《お》えました。

YS-11

全幅《ぜんぷく》：32.0 m
全長《ぜんちょう》：26.3 m
全高《ぜんこう》：9.0 m
航続距離《こうぞくきょり》：1,200 km
最大離陸重量《さいだいりりくじゅうりょう》：25,000 kg
標準座席数《ひょうじゅんざせきすう》：64席《せき》

もっと知《し》りたい

「YS-11」の名前《なまえ》は、「輸送機《ゆそうき》（Y）設計《せっけい》（S）研究協会《けんきゅうきょうかい》」からとられている。

08

1970年代《ねんだい》～マッハで飛《と》ぶ夢《ゆめ》の旅客機《りょかっき》コンコルド

さまざまな旅客機《りょかっき》が登場《とうじょう》する中《なか》、イギリスのブリストル社《しゃ》と、フランスのシュド・アビアシオン社《しゃ》が「コンコルド」をつくりました。

コンコルドは、なんと音《おと》よりも速《はや》く飛《と》ぶ超音速旅客機《ちょうおんそくりょかっき》です。空気抵抗《くうきていこう》の小《ち》さいとがった機首《きしゅ》に、三角形《さんかっけい》の翼《つばさ》、アフターバーナー（↓124ページ）のついたエンジンなど、戦闘機《せんとうき》のような特《と》徴《ちょう》をしています。これにより、ニューヨーク―ロンドン間《かん》の約《やく》5500キロメートルを最速《さいそく》で2時間《じかん》53分《ふん》で飛《と》ぶことができました。これはほかの旅客《りょかっ》機《き》の最速記録《さいそくきろく》である4時間《じかん》56分《ふん》を大幅《おおはば》に上《うわ》まわっています。

コンコルドは1976年《ねん》に運航《うんこう》を開始《かいし》しましたが、燃費《ねんぴ》の悪《わる》さと騒音《そうおん》などが欠点《けってん》でした。とくに、超音速飛行《ちょうおんそくひこう》によって衝撃波《しょうげきは》がおこり、爆発《ばくはつ》したような音《おと》を出《だ》す「ソニックブーム」が問《もん》題《だい》となり、2003年《ねん》に全機《ぜんき》が役目《やくめ》を終《お》えることとなりました。

全幅《ぜんぷく》：25.6 m
全長《ぜんちょう》：61.7 m
全高《ぜんこう》：12.2 m
航続距離《こうぞくきょり》：7,230 km
最大《さいだい》離陸《りりく》重量《じゅうりょう》：18,500 kg
標準《ひょうじゅん》座《ざ》席数《せきすう》：100席《せき》（2＋2列《れつ》）
コンコルド、ブリティッシュ・エアウェイズ

ソニックブーム

右《みぎ》には、マッハ0.75から1.3までに発生《はっせい》する衝撃波《しょうげきは》をえがいた（機《き》体《たい》はF-35)。イラストでは衝撃波《しょうげきは》を平面的《へいめんてき》に表現《ひょうげん》したが、実際《じっさい》には機首《きしゅ》から後方《こうほう》に向《む》かって、円錐状《えんすいじょう》に広《ひろ》がる。また衝撃波《しょうげきは》の大《おお》きさは、翼《つばさ》や機体《きたい》の形状《けいじょう》によってことなる。

マッハ 0.75 以下《いか》
衝撃波《しょうげきは》は発生《はっせい》しない。

マッハ0.8
主翼《しゅよく》あたりの空気《くうき》の流《なが》れが音速《おんそく》をこえ、衝撃波《しょうげきは》が発生《はっせい》する。機体《きたい》の安定性《あんていせい》に悪影響《あくえいきょう》をおよぼす。

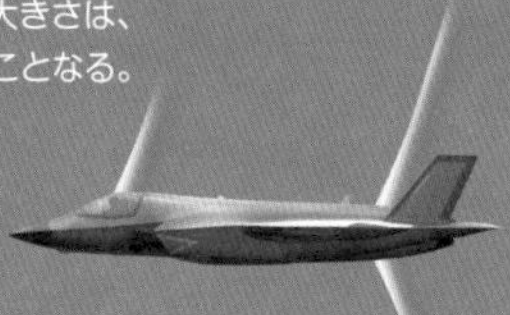

マッハ0.95
機体表面《きたいひょうめん》の空気《くうき》の流《なが》れの多《おお》くが、音速《おんそく》をこえる。衝撃波《しょうげきは》は強《つよ》さを増《ま》し、エルロン、ラダー、エレベーター（→56ページ)の効《き》きが悪《わる》くなる。

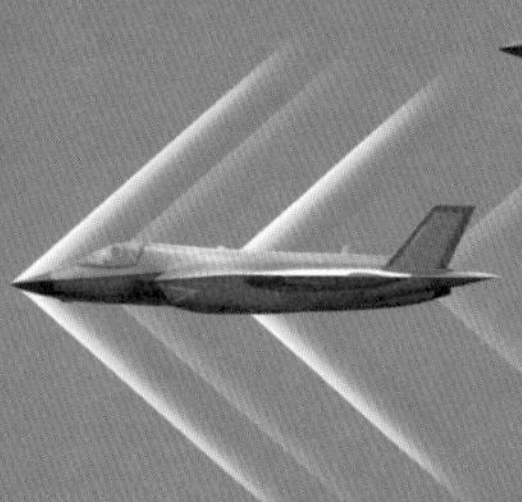

マッハ1以上《いじょう》
翼《つばさ》の前縁《ぜんえん》や機首先端《きしゅせんたん》にも衝撃波《しょうげきは》が発《はっ》生《せい》する。マッハ 1.3をこえると、機《き》体全体《たいぜんたい》の空気《くうき》の流《なが》れのすべてが音速《おんそく》をこえるため、飛行《ひこう》は安定《あんてい》する。

音速《おんそく》をこえて飛行《ひこう》する飛行機《ひこうき》と衝撃波《しょうげきは》が伝播《でんぱ》するようす

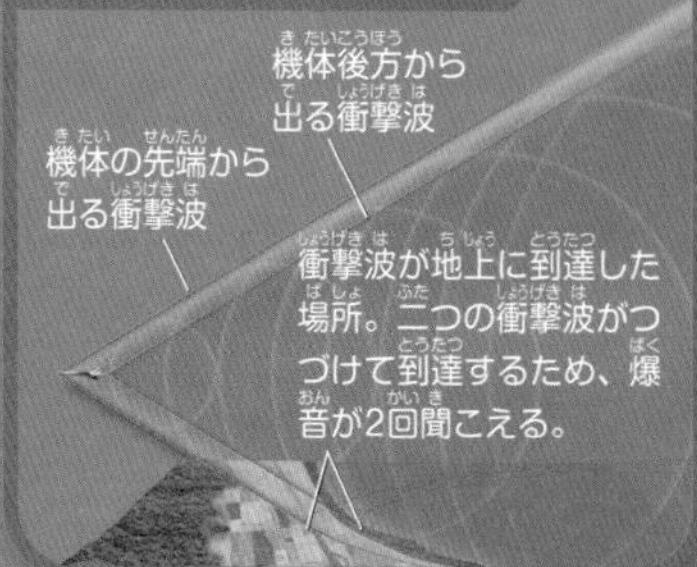
機体後方《きたいこうほう》から出《で》る衝撃波《しょうげきは》
機体《きたい》の先端《せんたん》から出《で》る衝撃波《しょうげきは》
衝撃波《しょうげきは》が地上《ちじょう》に到達《とうたつ》した場所《ばしょ》。二《ふた》つの衝撃波《しょうげきは》がつづけて到達《とうたつ》するため、爆《ばく》音《おん》が2回聞《かいき》こえる。

もっと知《し》りたい

「コンコルド」は、フランス語《ご》で「調和《ちょうわ》」「協調《きょうちょう》」を意味《いみ》する。

09 もうすぐ！超音速旅客機《ちょうおんそくりょかっき》で空《そら》の旅《たび》が短《みじか》くなる

前《まえ》のページで、超音速《ちょうおんそく》で飛《と》べる飛行《ひこう》機《き》コンコルドが、さまざまな問題《もんだい》をかかえて役目《やくめ》を終《お》えた話《はなし》を紹介《しょうかい》しました。以後《いご》、超音速旅客機《ちょうおんそくりょかっき》は登場《とうじょう》していません。

しかし、技術《ぎじゅつ》は進歩《しんぽ》しています。今《いま》また超音速旅客機《ちょうおんそくりょかっき》の開発《かいはつ》に注目《ちゅうもく》が集《あつ》まっているのです。

日本《にほん》のＪＡＸＡ（宇宙航空研究開発《うちゅうこうくうけんきゅうかいはつ》機構《きこう》）は、「小型静粛超音速旅客機《こがたせいしゅくちょうおんそくりょかっき》」の開発《かいはつ》に取《と》り組《く》んでいます。コンピュータシミュレーションや実験《じっけん》をもとに考《かんが》えだされた胴《どう》や翼《つばさ》の形《かたち》は、ソニックブーム（↓１５８ページ）を低減《ていげん》する効果《こうか》があるようです。

ＮＡＳＡ（アメリカ航空宇宙局《こうくううちゅうきょく》）が開発《かいはつ》している「Ｘ-５９ ＱｕｅＳＳＴ」は、２０２３年現在《ねんげんざい》、地上《ちじょう》を走《はし》る試験《しけん》が行《おこな》われています。

さらにボーイング社《しゃ》は、超音速《ちょうおんそく》をこえた「極超音速旅客機《ごくちょうおんそくりょかっき》」の開発計画《かいはつけいかく》を発表《はっぴょう》しています。

JAXAが研究《けんきゅう》を進《すす》める「小型静粛超音速旅客機《こがたせいしゅくちょうおんそくりょかっき》」コンピュータシミュレーションや風洞実験《ふうどうじっけん》の結果《けっか》をもとにした試作機《しさくき》で、ソニックブームの低減《ていげん》が確認《かくにん》された。

上《うえ》はX-59の完成《かんせい》イメージ。左《ひだり》は、工場《こうじょう》で組《く》み立《た》てが進《すす》められるようすを写《うつ》したものだ。全幅《ぜんぷく》9メートル、全長《ぜんちょう》29.5メートル、全高《ぜんこう》4.3メートルで、搭載《とうさい》されるゼネラル・エレクトリック製《せい》の「F414-GE-100」エンジンは、マッハ1.4での飛行《ひこう》を可能《かのう》にする。なお民間《みんかん》では、スパイク・エアロスペース社《しゃ》がマッハ1.6で飛行《ひこう》するビジネスジェット「S-512」、ブームテクノロジー社《しゃ》が「オーバーチュア」の開発《かいはつ》に取《と》り組《く》んでいる。

もっと知《し》りたい

「QueSST」は、「Quiet SuperSonic Technology（静粛《せいしゅく》な超音速技術《ちょうおんそくぎじゅつ》）」の略《りゃく》。

10 もうすぐ！　大《おお》きすぎて折《お》れ曲《ま》がる翼《つばさ》をもつB777X

写真《しゃしん》は、ボーイング社《しゃ》が開発《かいはつ》している「B777X」シリーズです。

B777（↓78ページ）をもとに客室《きゃくしつ》を広《ひろ》めに設計《せっけい》しており、特《とく》にB777-9は旅客機《りょかっき》としては最《もっと》も大《おお》きなサイズの飛行機《ひこうき》になります。

B777Xの翼《つばさ》は、B787（↓76ページ）と同《おな》じように細長《ほそなが》く、先《さき》がとがった「レイクド・ウィングチップ」という形状《けいじょう》になっています。こうすることで、ウイングレット（↓20ページ）のように飛行機《ひこうき》が進《すす》む力《ちから》をじゃまする翼端渦《よくたんうず》の発生《はっせい》を防《ふせ》ぎます。

B777Xは、たくさんの揚力《ようりょく》（↓52ページ）を得《え》るため、長《なが》く大《おお》きな翼《つばさ》をもっています。しかし翼《つばさ》を長《なが》くすると、一般的《いっぱんてき》な空港《くうこう》の設備《せつび》に入《はい》らなくなってしまいます。そのため、必要《ひつよう》に応《おう》じて翼《つばさ》の先《さき》が折《お》れ曲《ま》がるようになっています。

B777Xは2025年《ねん》から納入《のうにゅう》開始《かいし》予定《よてい》です（2023年《ねん》現在《げんざい》）。

メモ

飛行機《ひこうき》は「全幅《ぜんぷく》」が65メートルをこえると、今《いま》ある空港《くうこう》の設備《せつび》では対応《たいおう》することができないんだ。B777Xは、翼《つばさ》を折《お》り曲《ま》げると全幅《ぜんぷく》が7メートル短《みじか》くなるからOKなんだ。

B777X

標準型《ひょうじゅんがた》のB777-8と、胴《どう》を長《なが》くしたB777-9がラインナップされる。B787（→76ページ）でも採用《さいよう》された新技術《しんぎじゅつ》を盛《も》りこみ、客室《きゃくしつ》もより快適《かいてき》になる。写真とスペックはB777-9。

全幅《ぜんぷく》:72.8 m
全長《ぜんちょう》:70.9 m
全高《ぜんこう》:19.5m
航続距離《こうぞくきょり》:13,500 km
最大《さいだい》離《り》陸重量《りくじゅうりょう》:351,500 kg
標準《ひょうじゅん》座《ざ》席数《せきすう》:426席《せき》(2クラス)

もっと知《し》りたい

B777Xの翼《つばさ》の先端《せんたん》は、約《やく》20秒《びょう》でたたんだりのばしたりできる。

11 もうすぐ！〝空飛《そらと》ぶ自動車《じどうしゃ》〟で大空《おおぞら》をドライブ

「もし、自動車《じどうしゃ》が空《そら》を飛《と》んだら……」そんな空想《くうそう》をしたことがある人《ひと》もいるでしょう。実《じつ》は、「空飛《そらと》ぶ自動車《じどうしゃ》」は70年以上《ねんいじょう》も前《まえ》につくられています。1949年《ねん》、アメリカの技術者《ぎじゅつしゃ》モルトン・テイラー（1912〜1995）が「エアロカー」を開発《かいはつ》し、数台《すうだい》が生産《せいさん》されています。

2021年《ねん》には、スロバキアのクライン・ビジョン社《しゃ》の「エアカー（AirCar）」が初飛行《はつひこう》に成功《せいこう》しています。エアカーは、陸上《りくじょう》を走《はし》るときは「プロペラがついた自動車《じどうしゃ》」といった見《み》た目《め》をしています。しかし、運転席《うんてんせき》のボタンを押《お》すと……車体《しゃたい》の後《うし》ろから尾翼《びよく》が、側面《そくめん》から折《お》りたたまれた主翼《しゅよく》がゆっくり出《で》てきて広《ひろ》がります。わずか3分《ふん》で、「自動車《じどうしゃ》」が「飛行機《ひこうき》」に変身《へんしん》するのです。

「空飛《そらと》ぶ自動車《じどうしゃ》」の実用化《じつようか》には、技術《ぎじゅつ》の進歩《しんぽ》のほかに、法律《ほうりつ》の整備《せいび》なども必要《ひつよう》ですが、わたしたちが大空《おおぞら》をドライブできる日《ひ》は、もうすぐそこです。

エアカー

最大2人《さいだいふたり》乗《の》りで、BMW社製《しゃせい》のガソリンエンジンで動《うご》く。ボタン1つで折《お》りたたまれた翼《つばさ》が広《ひろ》がる。まもなく納車予定《のうしゃよてい》。

エアロモービル

スロバキアのエアロモービル社《しゃ》が開発《かいはつ》。全長《ぜんちょう》6メートルで、最大2人《さいだいふたり》乗《の》り。2024年《ねん》に納車予定《のうしゃよてい》。

もっと知《し》りたい

エアカーの操縦《そうじゅう》にはパイロットの免許《めんきょ》が必要《ひつよう》。

やすみじかん

アニメ映画《えいが》の乗《の》り物《もの》が現実《げんじつ》に M-02J

SF映画《えいが》やアニメを見《み》ていると、現実《げんじつ》にはないけれど、「乗《の》ってみたい！」と思《おも》うような乗《の》り物《もの》が出《で》てくることがありますね。

「現実《げんじつ》にないなら、つくってしまおう！」

そうして、アニメ映画《えいが》『風《かぜ》の谷《たに》のナウシカ』

2019年《ねん》のオシュコシュエアショーでのオンボード映像写真《えいぞうしゃしん》

に出《で》てくる空《そら》飛《と》ぶ乗《の》り物《もの》「メーヴェ」をつくったのが、八谷和彦《はちやかずひこ》さんです。

映画《えいが》の中《なか》のメーヴェは、グライダーの上《うえ》に人《ひと》がつかまって、風《かぜ》を受《う》けながら自由《じゆう》に空《そら》を飛《と》びまわる乗《の》り物《もの》としてえがかれています。

八谷《はちや》さんは、2003年《ねん》に「OpenSky」プロジェクトを立《た》ち上《あ》げ、メーヴェを元《もと》にした「M-02シリーズ」の製作《せいさく》をはじめました。M-02シリーズは、操縦方法《そうじゅうほうほう》が特殊《とくしゅ》で、体重移動《たいじゅういどう》で舵《かじ》を取《と》ります。なので、まずはパイロットの練習《れんしゅう》用《よう》にグライダー機《き》「M-02」をつくりました。そして2013年《ねん》、ジェットエンジンで飛《と》ぶ「M-02J」が完成《かんせい》し、大空《おおぞら》を飛《と》びました。

M-02J
全幅《ぜんぷく》9.6メートル、全長《ぜんちょう》2.7メートル、全高《ぜんこう》1.4メートルほど。尾翼《びよく》はなく、胴体《どうたい》ポッドと内翼《ないよく》・外翼《がいよく》の両主翼《りょうしゅよく》からなる。機体《きたい》は、主《おも》に木材《もくざい》とFRP(繊維強化《せんいきょうか》プラスチック)でできている。操縦方法《そうじゅうほうほう》はハンググライダーに近《ちか》く、機体《きたい》の上《うえ》に腹《はら》ばいになった操縦者《そうじゅうしゃ》が体重移動《たいじゅういどう》することで上下方向《じょうげほうこう》の、体《からだ》をひねることで左《さ》右方向《ゆうほうこう》のコントロールを行《おこな》う。

12

近未来《きんみらい》 地球《ちきゅう》にやさしい燃料《ねんりょう》で飛行機《ひこうき》を飛《と》ばす

近年《きんねん》、問題《もんだい》になっている地球温《ちきゅうおん》暖化《だんか》への対策《たいさく》として、二酸化炭素《にさんかたんそ》の排出量《はいしゅつりょう》を減《へ》らそうという「脱炭《だつたん》素化《そか》」が、あらゆる業界《ぎょうかい》で提唱《ていしょう》されています。

飛行機《ひこうき》のエンジンも、石油《せきゆ》からつくった「ケロシン」という燃料《ねんりょう》で動《うご》くので、たくさんの二酸化炭《にさんかたん》素《そ》を出《だ》しています。

2020年《ねん》、エアバス社《しゃ》は、脱炭素化《だつたんそか》した飛行機《ひこうき》「ZEROe」

ZEROe（ブレンデッドウィングボディ）

写真提供《しゃしんていきょう》:AIRBUS

「ZEROe」コンセプト機《き》の中《なか》でも特徴的《とくちょうてき》な主翼《しゅよく》と胴体《どうたい》が一体《いったい》となった機体《きたい》。液体水素《えきたいすいそ》を幅広《はばひろ》い胴体内《どうたいない》のタンクに貯蔵《ちょぞう》することで、さまざまな機内《きない》キャビン・レイアウトも可能《かのう》になるという。

シリーズの構想《こうそう》を発表《はっぴょう》しました。燃料《ねんりょう》は液体水素《えきたいすいそ》を使《つか》います。水素《すいそ》は、燃《も》やしても水《みず》しか出《で》ないので、地球《ちきゅう》にやさしい燃料《ねんりょう》の1つです。動力《どうりょく》は、ターボファンエンジン（↓26ページ）に電動《でんどう》モーターをつないだハイブリッド型《がた》になっています。

ボーイングも、NASA（アメリカ航空宇宙局《こうくううちゅうきょく》）と共同《きょうどう》で、天然《てんねん》ガスで動《うご》くハイブリッド型《がた》のエンジンを搭載《とうさい》した飛行機《ひこうき》をつくる「SUGAR」計画《けいかく》を発表《はっぴょう》しています。

シュガーボルト（SUGAR Volt）

SUGAR（Subsonic Ultra-Green Aircraft Research）計画《けいかく》のうちの1機《き》。ハイブリット動力《どうりょく》のほか、天然《てんねん》ガスを用《もち》いた動力《どうりょく》など2030〜2040年《ねん》に実現《じつげん》の可能性《かのうせい》がある方法《ほうほう》を検討《けんとう》している。

もっと知《し》りたい

日本《にほん》でも、地球《ちきゅう》にやさしい燃料《ねんりょう》を使《つか》った飛行機《ひこうき》の実験《じっけん》が国主導《くにしゅどう》で行《おこな》われている。

13

近未来《きんみらい》 電気《でんき》で動《うご》く飛行機《ひこうき》 eVTOLがタクシーがわりに

前《まえ》のページで、脱炭素化《だつたんそか》について触《ふ》れました。二酸化炭素《にさんかたんそ》をあまり出《だ》さない動力《どうりょく》と言《い》えば、電気《でんき》です。

飛行機《ひこうき》も、1～5人乗《にんの》りの小型機《こがたき》では、完全《かんぜん》に電動化《でんどうか》できるようになってきています。近年《きんねん》とくに注目《ちゅうもく》を集《あつ》めているのが、電動《でんどう》の垂直離着陸機《すいちょくりちゃくりくき》「eVTOL」です。日本《にほん》では、ホンダがドローンとヘリコプターを足《た》し合《あ》わせたような見《み》た目《め》の「Honda eVTOL」を開発《かいはつ》しています。

NASA（アメリカ航空宇宙局《こうくううちゅうきょく》）では、「X-57マクスウェル」とよばれる電動飛行機《でんどうひこうき》の開発《かいはつ》を進《すす》めています。

ほかにも、日本《にほん》のスカイドライブ社《しゃ》、ドイツのボロコプター社《しゃ》など、世《せ》界各国《かいかっこく》のメーカーが小型《こがた》の電動飛行機《でんどうひこうき》の開発《かいはつ》を進《すす》めています。そうした飛行《ひこう》機《き》は、「空飛《そらと》ぶタクシー」として使《つか》われるそうです。近《ちか》い将来《しょうらい》、私《わたし》たちを乗《の》せて街中《まちなか》を飛《と》びまわることになるでしょう。

Honda eVTOL

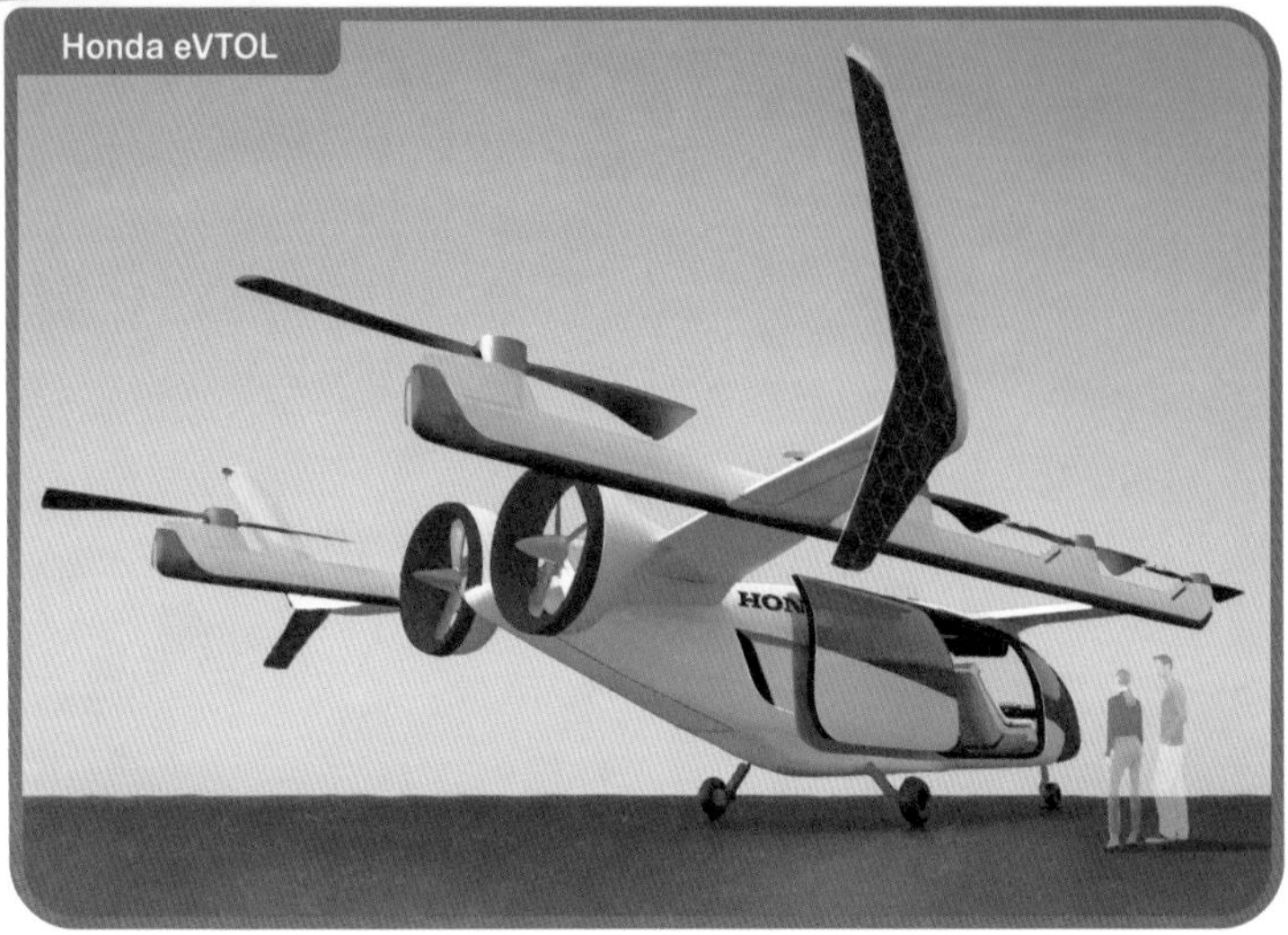

Hondaは2030年以降《ねんいこう》の事業化《じぎょうか》を目指《めざ》していて、航続距離《こうぞくきょり》を延《の》ばすために、ガスタービン発電機《はつでんき》とバッテリーによ る電力《でんりょく》でプロペラを回《まわ》すモーターを駆動《くどう》するeVTOLの研究開発《けんきゅうかいはつ》を進《すす》めている。

いつか飛行機《ひこうき》が
エコな乗《の》り物《もの》に
なる日《ひ》が来《く》るかも！

X-57 マクスウェル

NASAが開発《かいはつ》する実験用電動飛行機《じっけんようでんどうひこうき》で、イタリア・テクナム社《しゃ》の「P2006T」をベースに改造《かいぞう》される。主翼《しゅよく》の前縁《ぜんえん》には小型《こがた》のプロペラが、翼端《よくたん》には大型《おおがた》のプロペラ（すべてモーター駆動《くどう》）が計《けい》14基《き》並《なら》ぶ。小型《こがた》のプロペラは、翼上面《つばさじょうめん》を通《とお》る空気《くうき》の流《なが》れをふやすことで揚力《ようりょく》を増加《ぞうか》させる役割《やくわり》があり、離着陸時《りちゃくりくじ》のみ使用《しよう》される。巡航時《じゅんこうじ》は小型《こがた》のプロペラが折《お》りたたまれ、大型《おおがた》プロペラのみを使《つか》って飛行《ひこう》する。現在《げんざい》、初飛行《はつひこう》に向《む》けて作業《さぎょう》が進《すす》められている。

＊画像提供：NASA Langley/Advanced Concepts Lab, AMA, Inc

もっと知《し》りたい

「垂直離着陸機《すいちょくりちゃくりくき》」は滑走路《かっそうろ》を必要《ひつよう》としない飛行機《ひこうき》のこと。

用《よう》語《ご》解《かい》説《せつ》

【LCC】Low Cost Carrierの略《りゃく》。大手《おおて》航空会社《こうくうがいしゃ》（FSC）より安《やす》い運賃《うんちん》で利用《りよう》できる格安航空会社《かくやすこうくうがいしゃ》。

【アフターバーナー】エンジンの排《はい》ガスに燃料《ねんりょう》を噴射《ふんしゃ》して燃焼《ねんしょう》させる装置《そうち》で、より大《おお》きな推力《すいりょく》を一定《いってい》時間《じかん》得《え》ることができる。アフターバーナーはゼネラル・エレクトリック社《しゃ》の商品名《しょうひんめい》で、他社《たしゃ》では「オーグメンター」や「リヒート」などとよばれている。

【音速《おんそく》】音《おと》が伝《つた》わるのと同《おな》じ速《はや》さ。「マッハ」という単位《たんい》であらわす。飛行機《ひこうき》が飛《と》ぶ高度《こうど》約《やく》1万《まん》メートルでは、時速《じそく》1060キロメートル程度《ていど》でマッハ1となる。現代《げんだい》の一般的《いっぱんてき》なジェット旅客機《りょかっき》は、音速《おんそく》以下《いか》のマッハ0・85～0・47（時速《じそく》900～500キロメートル）で飛《と》ぶ。ちなみに、マッハ1以上《いじょう》は「超音速《ちょうおんそく》」、マッハ5以上《いじょう》は「極超音速《ごくちょうおんそく》」とよばれる。

【滑走路《かっそうろ》／誘導路《ゆうどうろ》】飛行機《ひこうき》が離陸《りりく》や着陸《ちゃくりく》を行《おこな》うための通路《つうろ》を「滑走路《かっそうろ》」とよぶ。滑走路《かっそうろ》とエプロン（駐機場《ちゅうきじょう》）をつなぐ通路《つうろ》は「誘導路《ゆうどうろ》」とよばれる。

【CA（キャビンアテンダント）】乗客《じょうきゃく》が機内《きない》で快適《かいてき》に過《す》ごすことができるように、飲食物《いんしょくぶつ》を提供《ていきょう》したり、トラブルや緊急時《きんきゅうじ》に対応《たいおう》したりする乗務員《じょうむいん》。「キャビンクルー」などともよばれる。世界初《せかいはつ》の女性客室乗務員《じょせいきゃくしつじょうむいん》（スチュワーデス）は、1930年《ねん》にボーイング・エア・トランスポート（現《げん》・ユナイテッド航空《こうくう》）で誕生《たんじょう》した。当時《とうじ》はフライト中《ちゅう》に気分《きぶん》が悪《わる》くなる乗客《じょうきゃく》が多《おお》かったため、看護婦《かんごふ》の資格《しかく》が必須《ひっす》だった。日本《にほん》では、1931（昭和《しょうわ》6）年《ねん》4月《がつ》、東京《とうきょう》－清水《しみず》（静岡県《しずおかけん》）を運航《うんこう》していた航空会社《こうくうがいしゃ》「東京航空輸送《とうきょうこうくうゆそう》」が女性客室乗務員《じょせいきゃくしつじょうむいん》をはじめて採用《さいよう》した。当初《とうしょ》は「エアガール」や「エアホステス」とよばれた。

【グライダー】エンジンをもたない航空機《こうくうき》。単独《たんどく》では離陸《りりく》できないため、エンジンをもつ「モーターグライダー」などで引《ひ》っぱり、上空《じょうくう》で切《き》り離《はな》す。

【最大離陸重量《さいだいりりくじゅうりょう》】機種《きしゅ》ごとに定《さだ》められた、離陸《りりく》するときに機体《きたい》にかかる重《おも》さの上限値《じょうげんち》。飛行機《ひこうき》そのものの重《おも》さに加《くわ》え、乗務員《じょうむいん》や乗客《じょうきゃく》、備品《びひん》、貨物《かもつ》、燃料《ねんりょう》なども含《ふく》む。

【推力《すいりょく》】前《まえ》に推《お》し進《すす》める力《ちから》。飛行《ひこう》機《き》における「推力《すいりょく》」とは、主《おも》に推《すい》進装置《しんそうち》（エンジンなど）が機体《きたい》を推《お》し進《すす》める力《ちから》を指《さ》す。

【ターボファンエンジン】大《おお》きなファンで空気《くうき》を取《と》りこみ、一部《いちぶ》はジェット噴流《ふんりゅう》として、一部《いちぶ》はそのまま後方《こうほう》から排出《はいしゅつ》することで推力《すいりょく》を得《え》る装置《そうち》。

【ターボプロップエンジン】原理《げんり》はターボファンエンジンと同《おな》じだが、エネルギーのほとんどをプロペラの回転《かいてん》に使用《しよう》する。ジェット機《き》よりも低《ひく》い速度《そくど》（時速《じそく》５００〜７００キロメートルほど）での飛《ひ》行《こう》を得意《とくい》とする。なお、ターボプロップ機《き》は「プロペラ機《き》」とよばれることもあるが、レシプロエンジンを動力《どうりょく》としたプロペラ機《き》も存《そん》在《ざい》するため、注意《ちゅうい》が必要《ひつよう》。

【駐機場《ちゅうきじょう》（エプロン）】空港《くうこう》で、飛《ひ》行機《こうき》が乗客《じょうきゃく》を乗降《じょうこう》させたり、貨物《かもつ》の積《つ》み降《お》ろしや整備《せいび》などを行《おこな》ったりすることができる領域《りょういき》。

【バードストライク】飛行機《ひこうき》の離《り》着陸時《ちゃくりくじ》などに、鳥《とり》が機体《きたい》に衝突《しょうとつ》する現象《げんしょう》。

【飛行機《ひこうき》／航空機《こうくうき》】「飛行機《ひこうき》」は、推《すい》進装置《しんそうち》（エンジンなど）により前《まえ》に進《すす》み、固定《こてい》した翼《つばさ》に発生《はっせい》する揚力《ようりょく》で飛《と》ぶ乗《の》り物《もの》。航空工学《こうくうこうがく》では、飛行機《ひこうき》のほか、ヘリコプターや飛行船《ひこうせん》、ロケット、気球《ききゅう》など、人《ひと》が乗《の》ることができるすべての〝空《そら》を飛《と》ぶ乗《の》り物《もの》〟を「航空機《こうくうき》」としている。ちなみにドローンは「無人航空機《むじんこうくうき》」とよばれる。

【飛行場《ひこうじょう》／空港《くうこう》】飛行機《ひこうき》（航空《こうくう》機《き》）が離着陸《りちゃくりく》を行《おこな》う場所《ばしょ》を「飛行《ひこう》場《じょう》」、ターミナルビルなどの施設《しせつ》があり、旅客《りょかく》や貨物《かもつ》などをあつかう定期便《ていきびん》が就航《しゅうこう》している飛行場《ひこうじょう》を「空港《くうこう》」とよぶことが多《おお》い。

【ピッチング】機体《きたい》の左右《さゆう》を軸《じく》としたときの、上《うえ》または下方向《したほうこう》に回《かい》転《てん》する動《うご》き。

【フライトレコーダ】飛行機《ひこうき》の飛《ひ》行《こう》に関《かん》するさまざまな情報《じょうほう》を自動《じどう》的《てき》に記録《きろく》する装置《そうち》。

【フライ・バイ・ワイヤ（FBW）】 飛行機《ひこうき》内《ない》の各装置《かくそうち》のやり取《と》りを、コンピュータによる信号《しんごう》に置《お》きかえて行《おこな》うシステム。初期《しょき》のものはアナログコンピュータにより制御《せいぎょ》されていたが、現代《げんだい》のものはデジタルコンピュータで制御《せいぎょ》される。

【ヨーイング】 機体《きたい》の上下《じょうげ》を軸《じく》としたときの、左《ひだり》または右方向《みぎほうこう》に回《かい》転《てん》する動《うご》き。

【ランディングギア】 飛行機《ひこうき》の離《り》着陸時《ちゃくりくじ》に、機体《きたい》への衝撃《しょうげき》を吸収《きゅうしゅう》する装置《そうち》。機首《きしゅ》についているのが「ノーズギア」、胴体中央部《どうたいちゅうおうぶ》についているのが「ボディギア」、主《しゅ》翼《よく》についているのが「ウィングギア」とよばれる。

【ローリング】 機体《きたい》の前後《ぜんご》を軸《じく》としたときの、左《ひだり》または右方向《みぎほうこう》に回《かい》転《てん》する動《うご》き。

【ワイドボディ／ナローボディ】 旅客機《りょかっき》には、機内《きない》に通路《つうろ》を2本《ほん》もつ「ワイドボディ機《き》」と、1本《ぽん》のみの「ナローボディ機《き》」がある。ちなみに、2本《ほん》の通路《つうろ》をもつがワイドボディ機《き》ほど全幅《ぜんぷく》が広《ひろ》くないB767などは「セミワイドボディ機《き》」とよばれる。

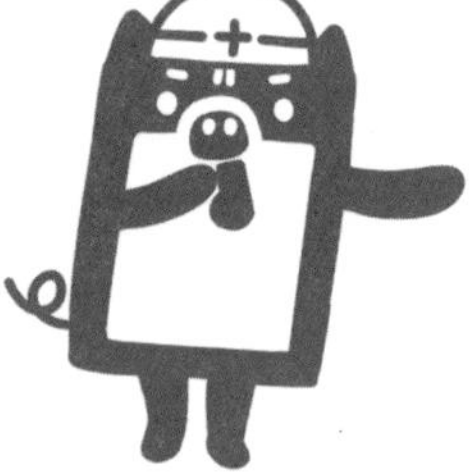

Photograph

10-11	masahiro/stock.adobe.com
12-13	所沢航空発祥記念館
14-15	Honda Aircraft Company
16-17	takapon/PIXTA
18	masahiro/stock.adobe.com
25	Media_works/shutterstock.com
28	iStock.com/GordZam
29	Mike Fuchslocher/shutterstock.com
31	AIRBUS
33	Markus Mainka/stock.adobe.com
35	（レドームの中の気象レーダー）aapsky ©123RF.COM,（スタティック・ディスチャージャー）phichak/stock.adobe.com
37	Igor Marx/shutterstock.com
41	supakitswn/shutterstock.com
43	（クルーレスト）iStock.com/Jacek_Sopotnicki,（旅客機のギャレー）Media_Works/stock.adobe.com
44-45	（B747-400BDSF）Wolfgang/stock.adobe.com,（コンテナ）Supakit/stock.adobe.com,（パレット）schusterbauer.com/shutterstock.com
46	株式会社ジャムコ
49	安友康博 /Newton Press
51	AIRBUS - Computer Graphics by i3M
52	T_kosumi/stock.adobe.com
59	（双尾翼）Roden Wilmar/shutterstock.com,（T字尾翼）Carlos Yudica/stock.adobe.com,（十字尾翼）©Allan Clegg | Dreamstime.com,（通常型）Markus Mainka/stock.adobe.com
63	（着陸直前の飛行機）marumaru/shutterstock.com,（スポイラー）Dmytro Vietrov/shutterstock.com,（逆噴射）Digital Work/shutterstock.com
64	（航空障害灯）camnakano/PIXTA,（飛行場灯台）photolibrary
65	MAKO/PIXTA

67 Ander Dylan/shutterstock.com

71 （ボーディングブリッジ）takashi17/PIXTA,（給油車）だい/PIXTA,（ランプバス）Dushlik/stock.adobe.com,（給水車）Serhii Ivashchuk/shutterstock.com

73 （トーイングカー）Pi-Lens/shutterstock.com,（整備を受ける旅客機）Fasttailwind/shutterstock.com,（トーイングトラクタ）GYRO_PHOTOGRAPHY/イメージマート,（フードローダー）M101Studio/shutterstock.com,（ハイリフトカー）Supakit/stock.adobe.com,（ベルトローダー）milkovasa/stock.adobe.com

74 gokturk_06/stock.adobe.com

76-77 w_p_o/stock.adobe.com

78-79 viper-zero/shutterstock.com

80-81 （B767-300ER）zapper/stock.adobe.com,（B757-200）viper-zero/shutterstock.com

82-83 russell102/stock.adobe.com

84-85 Lukas Wunderlich/shutterstock.com

87 IanDewarPhotography/stock.adobe.com

88-89 franz massard/stock.adobe.com

90-91 fifg/shutterstock.com

93 （A340-300）Lukas Wunderlich/shutterstock.com,（A330-300）Tupungato/shutterstock.com

95 （A321-100）gordzam/stock.adobe.com,（A319・A318）Björn Wylezich/stock.adobe.com,（A320-200）Wirestock/stock.adobe.com

96-97 （A220-300）Renatas Repcinskas/shutterstock.com,（コックピット）Fasttailwind/shutterstock.com

98-99 Jerry/stock.adobe.com

100 art_zzz/stock.adobe.com

101 lasta29(https://www.flickr.com/photos/115391424@N05/23557730763)

102~105 Markus Mainka/stock.adobe.com

106-107 （ATR72-600）Markus Mainka/stock.adobe.com,（貨物室・エアステア）Renatas Repcinskas/shutterstock.com

108-109 takapon/PIXTA

110 （Do228）Newton Press,（客室内）TOKO/PIXTA

113 Honda Aircraft Company

114 （CJ4）Vytautas Kielaitis/shutterstock.com,（リアジェット・75リバティ）Adomas Daunoravicius/shutterstock.com

115 （G650）iStock.com/Gilles Bizet,（ボンバルディア・チャレンジャー650）Media_works/shutterstock.com

116-117 （ビーチクラフト・バロンG58）©Patrick Allen | Dreamstime.com,（クエスト・コディアック100）viper-zero/shutterstock.com,（ダッソー・ファルコン8X）©Evren Kalinbacak | Dreamstime.com,（PA-28-181アーチャー）Markus Mainka/shutterstock.com,（ボンバルディア・グローバル7500）gordzam/stock.adobe.com,（セスナ・スカイホーク）Philip Pilosian/shutterstock.com

119 （ベルーガXL）joerg joerns/shutterstock.com,（ドリームリフター）Richard Brew/shutterstock.com,（スーパーグッピー・タービン）NASA, Kennedy Space Center

120-121 Wolfgang/stock.adobe.com

125 ©Michaelfitzsimmons | Dreamstime.com

126-127 航空自衛隊

128-129 U.S. Air Force

130-131 iStock.com/Artyom_Anikeev

133 （ユーロファイター）iStock.com/Ryan Fletcher,（ラファール）VanderWolf Images/stock.adobe.com,（グリペン）iStock.com/Ryan Fletcher

134 （戦闘機）iStock.com/Nordroden,（爆撃機）BlueBarronPhoto/shutterstock.com

135 （攻撃機）Ian Cramman/shutterstock.com,（空中給油機）航空自衛隊

136-137 （空中警戒管制機）iStock.com/Fotokot197,（哨戒機）Michael Fitzsimmons/shutterstock.com,（偵察機）U.S. Air Force photo by Bobbi Zapka,（輸送機）Shuravi07/shutterstock.com

138-139 （日本国政府専用機）やえざくら/PIXTA,（初代の貴賓室）343sqn/PIXTA

140 w_p_o/stock.adobe.com

145 （二宮忠八）飛行神社,（二宮式飛行器の構造）国立国会図書館

146 一般財団法人日本航空協会

147 Newton Press（協力:所沢航空発祥記念館）

148 barman/PIXTA

149 一般財団法人日本航空協会

152 IISG（https://www.flickr.com/photos/iisg/51356681261）

153 Igor Groshev/stock.adobe.com

155 （DC-10）Aero Icarus（https://www.flickr.com/photos/aero_icarus/4950490022）,（Tu-154）Dmitry Terekhov（https://www.flickr.com/photos/44400809@N07/4936781577）,（DH-106コメット）©Allan Clegg | Dreamstime.com

156-157 Newton Press（協力:所沢航空発祥記念館）

159 Photo by Getty Images

161 （小型静粛超音速旅客機）JAXA,（X-59 QueSST）NASA

163 BOEING

165 （エアカー）Klein Vision,（エアロモービル）AEROMOBIL

166-167 香河英史 ©PetWORKs / Kazuhiko Hachiya

168 AIRBUS

169 BOEING

171 （Honda eVTOL）本田技研工業株式会社,（X-57 マクスウェル）NASA Langley/Advanced Concepts Lab, AMA, Inc

Illustration

◇キャラクターデザイン　宮川愛理

20~25 Newton Press

27 Rolls-Royce pic

32 Newton Press

37~39 Newton Press

41 羽田野乃花

44 SUE/stock.adobe.com

46 jules/stock.adobe.com・Graficriver/stock.adobe.com・dzm1try/stock.adobe.com・salim138/stock.adobe.com

53 Newton Press

55 吉原成行

56~63 Newton Press

64-65 Newton Press・ChaiwutNNN/stock.adobe.com

67 （飛行機の主な空域）Newton Press・Artem/stock.adobe.com,（日本の空域）Newton Press・Tuna salmon/stock.adobe.com

69 （フライトレコーダ）alexlmx/stock.adobe.com,（その他）Newton Press

71~73 Newton Press

86 Newton Press

123~124 Newton Press

143 Newton Press

150-151 優気夏歌/PIXTA

159 Newton Press

Staff

Editorial Management　中村真哉
Editorial Staff　伊藤あずさ
DTP Operation　真志田桐子
Design Format　宮川愛理
Cover Design　宮川愛理

Profile 監修者略歴

今野友和／こんの・ともかず

公益財団法人 航空科学博物館 学芸員。博士（工学）。東京大学大学院 航空宇宙工学専攻 博士課程をへて現職。学生時代は人力飛行機サークルで鳥人間コンテスト優勝。現在は学芸員として、企画展示や新規展示物の導入、科学教室での講師を担当している。

ニュートン
科学《かがく》の学校《がっこう》シリーズ

飛行機《ひこうき》の学校《がっこう》

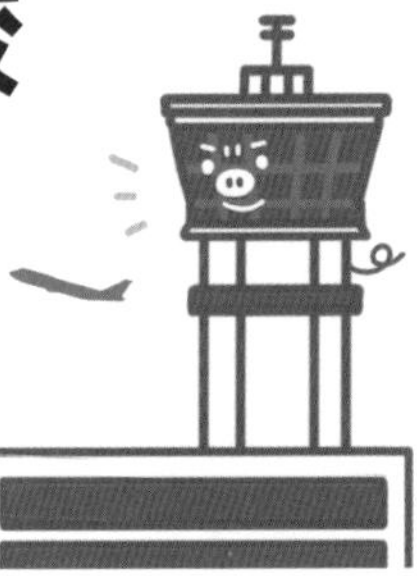

2024年2月20日発行

発行人　高森康雄
編集人　中村真哉

発行所　株式会社ニュートンプレス
〒112-0012 東京都文京区大塚3-11-6
https://www.newtonpress.co.jp
電話 03-5940-2451

ISBN 978-4-315-52783-4